王喜民 著
Walking in the Antarctic

行走南极

当代世界出版社

图书在版编目（CIP）数据

行走南极 / 王喜民著. -- 北京：当代世界出版社，2014.9
ISBN 978-7-5090-0974-1

Ⅰ．①行… Ⅱ．①王… Ⅲ．①南极－游记 Ⅳ.① P941.6

中国版本图书馆CIP数据核字(2014)第083257号

行走南极

作　　者：王喜民
出版发行：当代世界出版社
地　　址：北京市复兴路4号（100860）
网　　址：http://www.worldpress.org.cn
编务电话：（010）83908456
发行电话：（010）83908409
　　　　　（010）83908455
　　　　　（010）83908377
　　　　　（010）83908423（邮购）
　　　　　（010）83908410（传真）
经　　销：新华书店
印　　刷：北京华联印刷有限公司
开　　本：710mm×1000mm　1/16
印　　张：18
字　　数：250千字
版　　次：2014年9月第1版
印　　次：2014年9月第1次
书　　号：ISBN 978-7-5090-0974-1
定　　价：68.00元

序 | Preface
保护地球最后一片净土

  曾看过纪录片《冰冻星球》，仿佛走进一片苍凉寒冷的境地；曾看过电影《沙克尔顿》，好似站在一片冰冻的海洋；还曾欣赏过毛泽东的诗词《沁园春·雪》，犹如踏入"千里冰封，万里雪飘"茫茫的荒原。最近，读了王喜民的新作《行走南极》，顿然置身于一个独具特色的冰雪世界：那鬼斧神工的冰山，熠熠闪光的冰海，一望无际的冰原；还有那黑油油的企鹅，懒洋洋的海豹，翻着浪花的鲸鱼，嫩茸茸的地衣、苔藓，撞击着心灵，深印在脑海，令人心悸，流连忘返……

  作者从阿根廷南端乌斯怀亚起航，经历了不平凡的航程，最后到达南极半岛，登上南极大陆。一路走来，可谓冰山相伴，冰海相随，记录了南极之行的全过程，在极地雪原留下了深印的足迹。

  对于南极，人们大多从报纸、杂志、新闻报道中了解一些知识和信息。自中国在南极建立科考站后，大家对南极的关注度提高了，了解向往南极的人也逐渐增多。《行走南极》的出版和发行，无疑为广大读者提供了一本寻梦南极如诗似画般的书籍，也可作为拟去南极者的导引读物，作者将亲临南极的所见、所闻、所感，展示给大家。

  南极是地球仅存的一片净土，为世界第七大洲。这块未曾开垦的处女地，世界上有多少人向往、追寻，又有多少人下定决心在有生之年作一次终极之行，踏上那梦幻中的童话世界、冰雪大陆、人迹罕至之地。过去南极仅是探险家、科考人员踏足之地，随着时代的发展，南极的大门已经敞开，只要有勇气都可以去造访、去探索、去发现、去研究。

南极曾是个"未知大陆"，无人知晓。数百年来，世界上许多国家的探险者、航海家、科学工作者赴南极探秘。在早期的探险中，尤其是在发现南极大陆的航程中，许多探险家和航海家冒着生命危险，深进南极海域。但究竟是哪个国家哪个人第一个发现了南极大陆，至今仍有很大争议。英国的威廉·史密斯、俄罗斯的别林斯高晋、美国的纳撒内尔·帕尔默、法国的迪蒙·迪尔维尔等，都为探秘南极献出了毕生的精力。现在世界上推崇的说法是英国的探险家詹姆斯·库克在1768年环球航行并进入南极海域，他断言地球的南边存在一个"未知大陆"，于是很多人认为英国的库克第一个发现了南极大陆。

其实，最早接近南极大陆的应该是中国人，他是中国明朝的航海家郑和。据有关资料显示，郑和在1405年以后的28年中，带领庞大的船队曾七下西洋，走过30多个国家和地区，并进入南极海域，他要比英国的库克早300多年，为世界文明作出了巨大贡献。然而，600多年以来，郑和下西洋的壮举和地位有失公允，尤其是对航海的作用更被长期忽视。直到2002年，英国皇家海军军官加文·孟席斯出版的《1421中国发现世界》，是一部可能改写世界历史的惊世之作。他经过120个国家的考查和14年的考证得出结论：中国人最早绘制了世界航海图，中国的郑和是世界环球航行第一人，郑和船队早先于哥伦布到达美洲大陆，早于库克进入南极海域且靠近南极大陆。

南极大陆的发现和存在，吸引人们的目光。那里是世界上最高的大陆、生命的禁区，有世界上最厚的冰盖、最冷的温度、最大的风级、最干的气候，迷离多彩，一切都是新奇的、奥妙的。为了揭开南极大陆神秘的面纱，有的横穿南极大陆，有的寻找南磁极，有的冲刺南极点。特别是世界上许多国家在南极相继建立科考站，包括中国的长城站、中山站、昆仑站、泰山站，挑战极限，开展科学考察活动。对研究气象、环境、生态、物种等有着极为重要的价值和意义。

南极是美妙的、神秘的、醉人的！但也隐含着危机。这就是冰雪的融化，雪线的升高。缘于地球气候变暖波及到南极，影响到南极。地球的温室效应不仅使得南极雪线上升，还加速了南极冰盖、冰山、冰架的消融。据外电、报刊等媒体报道：世界最大的罗斯冰架已经断裂，拉森冰棚早已碎开，威尔金斯冰盖正在坍塌……

雪线的升高，冰架的崩陷，导致海平面每年都在升高。打开世界地图，看看亚太地区特别是太平洋地区那些岛国吧：基里巴斯国家已有两个岛屿被淹没在海水之中。马绍尔群岛、图瓦卢群岛、所罗门群岛等一些岛屿正处在被淹没的灾难中！亚洲著名的海岛国家马尔代夫，也面临着从地图上抹去的危险……

更让人扼腕的是南极上空臭氧层的破坏，已经危及到人类的生存空间。这些都源于地球的大气污染，生态环境的破坏。这是整个人类的灾难，而且是毁灭性的！倘若臭氧层全部破坏，地球上的一切生命，包括人类，将全部灭绝、消亡！整个地球将是一片荒芜……

我们作为地球上的一个公民，不禁感叹深思：保护环境是何等的重要啊！还有什么比失去生命更重要的呢？最近，英国一家报纸报道，科学家已列出地球上的生命存在的时间表，如果环境得不到治理，那么地球上的生物生命将会加速缩短，甚至是迅猛的。香港一家媒体发出呼吁：保护臭氧层刻不容缓！

南极发出警示，保护地球迫在眉睫！这就希望我们增强环保意识，减少或根除大气污染，不要破球生态环境，保护我们大家共同的家园。

《行走南极》一书是王喜民深入南极亲历现场写成的，他是一位资深的新闻记者。没有基层的深入，不可能写出厚重的、鲜活的、原汁原味的作品来。深入、深入、再深入，是新闻工作者遵循的一条重要法则。老一辈新闻工作者、当代著名新闻记者穆青说："只有深入，才有思想，才有力量，才有主题，才有文章。"所以，做一名优秀新闻工作者，一定要全身心地深入下去，扎根到一线，扎根到基层，精心耕耘，一定会浇灌出鲜艳夺目的绮丽花朵！

　　《行走南极》就要出版发行了，它不同于一般的科学书籍，又不同于通常的游记，而是用新闻的角度、行进式的手法、文学的语言，展示出南极一幅绚丽多彩、梦幻神秘的画卷，奇妙无比，赏心悦目……

新华社亚太总分社社长
俱孟军
2014年6月3日　于香港

目录 | Contents

CHAPTER 1
乌斯怀亚：世界的尽头

CHAPTER 2
马尔维纳斯群岛：人间天堂

CHAPTER 3
南乔治亚岛：珍贵的历史遗迹

CHAPTER 4
南奥克尼群岛：南极最早的科考站

CHAPTER 5
南设得兰群岛：撒向大海的一串白玉

CHAPTER 6
南极半岛：伸向大西洋的白色巨臂

CHAPTER 7
南极大陆：冰雪覆盖的白色世界

CHAPTER 8
德雷克海峡：咆哮的西风带

CHAPTER 9
布宜诺斯艾利斯：清新而奔放的都市

CHAPTER 1
乌斯怀亚：世界的尽头

风，是寒的；空气，是凉的；阳光，是冷的。

这是一座冰冻的小城，挂在"世界尽头"白雪皑皑的山巅之下。

这就是地球最南端的冷城——乌斯怀亚。

然而，它又是一座"热城"。宣传去南极的广告，铺天盖地；招揽极地一游的喊声，此起彼落。看吧！听吧！南极气氛十分浓烈！催生人们去南极的欲望，点燃行者去南极的烈火！

乌斯怀亚，通往南极的门户、跳板；

乌斯怀亚，去往南极最近的线路；

乌斯怀亚，因此而闻名于世……

热身乌斯怀亚

乌斯怀亚机场：凉风扑面，寒气逼人。

我们是从北京首都机场出发飞抵迪拜，转机到达阿根廷首都布宜诺斯艾利斯的。

刚刚离开仲夏炎热的布宜诺斯艾利斯，谁知，又乘飞机南行三个半小时才到达这个国家最南端的城市乌斯怀亚，一出机舱就被凛冽寒风吹得瑟瑟发抖，走下舷梯的人们无不缩手缩脚，赶紧穿上外套御寒，随即而来的咳嗽和打喷嚏声此起彼伏。

大自然就是这样，纬度越高越寒冷。布宜诺斯艾利斯处在南纬35°，而乌斯怀亚接近南纬55°，差出了20°。南北纬度的差异，使得气温也相应拉开了距离。

▼ 远眺世界最南端城市，雪山下的乌斯怀亚。

尽管寒冷，人们却被眼眶中出现的两幅画面深深吸引。一幅是绚丽的候机楼：蓝色的顶棚，木制的柱子，像一只展开翅膀的飞鸟，极具创意又兼环保；另一幅是雪山下的乌斯怀亚：白雪皑皑的连绵山脉，波光粼粼的碧蓝海水，散落山间的座座木式房舍中，飘起缕缕炊烟，清晰、纯净，让人沉醉。

缓步走进候机大厅，木墙、木窗、木梁，全部是木制建筑。当地人手拿广告宣传单，招揽客人畅游乌斯怀亚。

▼ 木制环保，创意独特的乌斯怀亚机场候机厅。

乌斯怀亚（Ushuaia）的坐标为南纬54°48′，西经68°18′，它不仅是阿根廷，也是世界上最南端的城市，距离南极也最近，被誉为"世界尽头"。

走出机场，迎接我们的大巴车身、车头都写有"世界尽头"的字样。当钻进汽车，车座上同样写有"世界尽头"的标识。从机场进入市区的马路两旁，满眼尽是"世界尽头"的广告牌，目不暇接。

"世界尽头"！脑海里不断翻卷着在飞机上听到的这四个字，汽车开动进入乌斯怀亚市区，满街又都是"世界尽头"的标牌、标签、标语、标号等等。世界尽头旅店、世界尽头餐馆、世界尽头商铺、世界尽头歌厅、世界尽头停车场……比比皆是。乌斯怀亚，时刻提醒着过往的人们，这座城市比较特殊。"世界尽头"用的是西班牙语即"Fin del Mundo"。阿根廷曾长期为西班牙殖民地，官方通用语言是西班牙语。

▲ 左上角的红字为"世界尽头"字体标识，看这奇特的企鹅走势，不错。

▲ 写有"世界尽头"的标牌竖立在码头，这是乌斯怀亚的一大景观，凡起程南极者，都要在此留影。

看过王家卫《春光乍泄》的人，都会知道世界尽头的乌斯怀亚，但不会了解在这里"世界尽头"宣传得这么强势。不只在街道，还有机场、码头、公园，即便公交车、出租车，也大都披带着"世界尽头"的条幅，甚至有一处卫生间也标写上了"世界尽头"。让来到这里的人们时刻想到：唯独乌斯怀亚连着南极，用"世界尽头"点燃人们去南极的心头烈火和欲望……

徜徉在乌斯怀亚大街，我们一边走，一边听当地旅游局一位年轻姑娘介绍。了解乌斯怀亚首先要了解火地岛，乌斯怀亚就坐落于火地岛。火地岛被世人发现要追溯到公元 1519 年 9 月 20 日。这一天，葡萄牙航海家麦哲伦带领一支由 5 艘帆船 266 人组成的探险队，从西班牙塞维利亚港出发，开始了环球航行。在麦哲伦的指挥下，他们饱受饥饿、风暴的折磨，穿越大西洋，历经千难万险，于 1520 年 10 月 28 日经过美洲南部一个无名海峡南行时，发现此处还有一个大岛，岛上土著居民正燃起堆堆篝火，于是他们命名此岛为"火地岛"，所穿海峡起名"麦哲伦海峡"。

火地岛是世界上除南极洲之外最南端的陆地，也是南美洲最南端的岛群，由主岛火地岛和附近数百个小岛、岩礁组成，其中最南点是被誉为"世界天涯海角"的合恩角，总共面积 7.3 万平方公里。火地岛一分为二，智利和阿根廷各有其半。岛上的居民除土著外，还有印第安人奥那族、扬甘族和阿拉卡卢夫族。

"乌斯怀亚"印第安语意为"观赏落日的海湾"，它是阿根廷火地岛省的首府，处在火地岛南部的毕格尔海峡（Beagle Channel）北岸。如果从飞机上向下俯瞰这座小城，三面环山，一面傍水，这个水道就是毕格尔海峡。

走在大街上，背靠雪山，面向海水，站在宁静的小城里，满目古老的木屋，好似走进白雪公主的梦幻家园。主街道共有两条，为海峡沿岸的玛依普大道和市区中的圣马丁大街。街道两边商店出售的多是到南极去的必

▲ 乌斯怀亚距离世界各大城市的里程　　　▲ 张牙舞爪的街墙涂鸦让人惊叹

备品，有防寒衣、防寒裤、防寒帽、防寒手套等。店铺门窗最典型的装饰是各种各样的企鹅，形态各异。我们走进一家商店，每人买了一双防寒袜，贵得让人难以置信，每只人民币二百五十元。无奈，贵也得买啊！两个二百五，就是五百元啊！这是去南极！大家开玩笑：在"世界尽头"，买两个"二百五"，算是个纪念吧！

▼ 幽静的乌斯怀亚主街道

站在乌斯怀亚，最大的感受是：这里特别亮，特别白，还特别干净。夏季，白天时间很长，清晨太阳很早升起，傍晚太阳很晚落下，所以感到天长夜短。我们走进圣马丁广场，这是全城的中心。为什么叫圣马丁？广场一位正在习练的老前辈介绍，圣马丁是阿根廷的民族英雄，是南美南部独立战争的领袖，被誉为"南美洲南部的解放者"和"阿根廷的国父"。原来，圣马丁1778年出生于阿根廷，他在独立战争中为北方军司令，击退了殖民军的一次次反扑，保卫了独立战果。同时，圣马丁还帮助智利、秘鲁获得了解放。在阿根廷首都布宜诺斯艾利斯也有一个圣马丁广场，立有圣马丁雕像。从这位习练老人话语中可知，乌斯怀亚用圣马丁命名的还有街道、建筑物、博物馆和图书馆等。

用去半个多小时，我们走完了仅有16000人的乌斯怀亚。让人惊喜的是，在这个"世界尽头"，竟然还有一家中餐馆，倍觉亲切，踏访是当然的了。这家中餐馆的建筑非常醒目，三角屋顶上"彩虹餐厅"四个中文字气势恢宏，旁边挂着大红灯笼。店主是一位中国人，很有经营头脑。他看到近些年到南极的中国客人逐渐增多，于是开办了这家餐厅。而当地人也多多光临，品尝中国饭菜的特有味道。

在"世界尽头"，我们品尝了乌斯怀亚的特产蜘蛛蟹，味道异常鲜美，真是大饱口福，它应该是当地的主要出口产品。聆听店老板介绍："乌斯怀亚始建于1870年，1893年设城。眼下是乌斯怀亚最火爆、最热闹的季节，多为背包过客，都是到南极的旅行者。这里距南极洲只有970多公里，是各国旅客到南极的出发点，是通向南极的一个门户，又是各国南极考察队的后方供应基地。"

其实，在南极洲建科考站之前，这里非常冷清，最初曾是一个捕鲸场，居民多以伐木、养羊和捕鱼为生，后来为放逐犯人之地。荒芜、凄凉，是乌斯怀亚曾经的历史。昔日关押犯人的监狱现在成了博物馆。

"花园式城市"，这是对乌斯怀亚的赞誉。花园不仅仅体现在大街小巷，

▲ 庭院前的花园，吸引人们驻足留影。

更根植于每户居民的庭院。每个住宅院落里都种满了花草树木，给人春天的气息。这里冬季时间漫长，夏季时间很短，当地人充分享受夏季的温暖，尽情感受花草的芳香。我们在市政厅一侧的一家住宅旁，看到院中的鲜花竞相开放，墙门上写着："欢迎诸位到庭院参观。"我们大胆走进去，户主很热情，并提示随意拍照。

在乌斯怀亚，我们专程到海边所立"Fin del Mundo"牌匾前拍照，这是写有"世界尽头"最华丽的标牌，也是乌斯怀亚的一处景点。

这里的邮局是人们的关注点，我们特意购买了印有"世界尽头"邮政字样的明信片，盖上带有企鹅图案的印章，以示到过此地。这是到"世界尽头"城市最有意义的纪念品了。

顺毕格尔海峡，我们搭船观看了红白相间的灯塔，它是"世界尽头"的地标，一定要在这里照一张相片，作为永久的纪念。

①来自世界各地的游客齐聚码头，准备乘坐到南极的航船。

②为了得到一张南极的船票，游客们焦急地等待着。

③私下交易南极船票

④"世界尽头"灯塔宣传画遍布街头巷尾

"海角天涯""世界一角"，这是对乌斯怀亚的美称！

乌斯怀亚，凡是来到这里的人，都有一种感觉：走到了天的尽头……

启程"冷城"，来吧！只有亲身来到这里，才能体验"尽头"的味道……

火地岛自然保护区

太阳当午，光芒万丈。乌斯怀亚进入一天之中最"热"的时辰，而我们仍穿着棉衣抵寒。

吃过午饭，我们沿着山路出乌斯怀亚西行，皆是漫山遍野的原始森林。当山坡出现一片黄色的野花，火地岛国家自然保护区就到了。眼帘中的花，在寒风中是那样的鲜嫩，那样的烂漫。旁边，是一个用圆木架起的牌子，上面写着西班牙文："火地岛国家自然保护区"，背面显示的文字是："让

▼ 火地岛自然保护区门口

世界了解阿根廷的大好河山。"

　　乌斯怀亚的火地岛自然保护区，又被称作"世界尽头的火地岛公园"，因为它处在世界最南端，被誉为世界最南端的国家自然保护区。到乌斯怀亚，一定要探访这里，否则会留下终生遗憾。

　　门口的工作人员介绍，火地岛国家自然保护区建于1960年，保护区大体呈山地型，风光以雪山、冰川、湖泊为基调，穿插着森林、河流、峡谷，山脉的大致走向是朝东南方向延伸。区内山体的西边是智利，东侧是一家私人牧场，北边是阿根廷第二大湖法尼亚诺湖，南侧是毕格尔海峡，占地面积为63000公顷。

　　自然保护区面积之大，用双脚是走不下来的。为此，游客大都乘小火车或汽车观光。我们乘汽车进入保护区之后，只见山坡、岭地全是大片大片的森林，林中树间尽是野草野花，真正品尝大自然的原始滋味，有一种神秘感。要知道，这里可是"世界尽头"的自然保护区啊！说是保护区，其实并不是想象中的铁丝网围起的景象，而是自然的、原始的森林和绿地。

这里没有电缆、电线、电杆，没有任何宾馆、餐厅等建筑。放眼望去，都是树木、雪山、河流，很少见到人为的印记。如果说人为之处，就是公路旁边的路标，每隔一公里就有一块，那是著名的3号公路，恰好穿过火地岛自然保护区。

经过20分钟的车程，右手的山坡下，出现一座建筑，那是一处古老的火车站。所停靠的小火车也非常之古朴、原始。原来，这是过去囚犯伐木所用的小火车及车站。旧火车站现已开设成博物馆，展出当地土著人衣食住行的一些照片和画图。展厅中多是囚凳、囚椅、囚室，完全是"囚"的感觉，就连服务员也穿着当年囚犯的衣服，让游客回味那段不堪回首的历史。

▲ "世界尽头"的老火车站

那是百年前，阿根廷效仿英国流放囚犯到澳大利亚的做法，也把本国犯人逐放到天寒地冻、条件恶劣的乌斯怀亚。每天，让犯人乘坐火车到深山里去伐木。

如今，保存下来的火车供游人体验昔日境况。火车站前立有一木牌，上面画着自然保护区的示意图，提示人们的行走方向和路标。

我们穿上"囚装"，伴随着火车的鸣叫和蒸汽机的轰响出发了，向着雪山、湖泊、冰川、森林……

穿"囚装"的心情尽管不怎么舒服，但窗外的风光美极了：麦式兰花，丛生的野草，雪山映照的湖水，戏闹的马群及野兔、水獭，一一浮现在面前，好似真的到了世外桃源。

随着火车的前进，视野中也有破坏风景的镜头。突然，我们发现山体中一片片光秃秃的树墩、木桩，听介绍才知，那就是昔日囚犯伐木所致，真是一片狼藉，触目惊心。我们看到空中的鸟儿，飞来飞去无处着落，好不凄凉。

体验过后，我们又换乘汽车前行，从车窗里欣赏大自然恩赐的绝美画卷。这里的树木多以山毛榉树为主，还有桉树、桦树和叫不上名字的树木。更有一些奇妙之树，枝头上挂着数不清毛茸茸的窝，像灯笼一样，据说当地土著人就靠吃这些茸窝为生。说到土著人，工作人员讲："最初的土著人，夏天不穿衣服，赤身赤脚在森林里过着原始流浪式的生活，

▼ 过去土著人就靠吃这种像绣球
  一样的茸窝为生

只有到冬季才披一些动物毛皮御寒，住屋是用几根木棍搭成三角形，上面盖上几片野兽皮，这就算是家了。"

汽车拐过十多道弯，来到一处湖水边。我们一一下车，近距离观赏湖上风光。这片湖水看不到边，望不到头，无边无际；水连着天，天连着水。最吸引人的去处是"湖边邮局"，寄明信片的人排起长队。这一间小小的邮局建得很有特色，伸进湖面100多米，由一木桥连接，很像是栈桥。桥上插着很多彩旗，装饰着这间由木料建造的房子，它被称为"世界尽头的邮局"。屋中一位60多岁的老人为排长队者出售明信片、纪念邮票，并不停地为来客盖章、签字，非常火爆。当这位老者接受采访时，他说："尽管每天非常紧张，但很充实，因为这是世界尽头的

▲ 火车站博物馆展出的当地土著人照片

▲ 土著人身披动物毛皮

▲ 邮局老翁认真加盖邮戳

邮局，倍觉有一种幸福感。"当问到一天能盖多少邮章时，他回答："至少1000个。"

保护区都是原始状态，无论用圆木搭成过河桥梁，还是用石子铺路延至森林深处，都非常自然。行走在草地路边，不断有警示牌向你提醒："除了脚印，请您什么也别留下；除了欢乐，请您什么也别带走。"可见，阿根廷人的环保意识有多强啊！

游人不动干戈，动物可不管那一套。突然，眼前出现大片横七竖八枯死的树木，非常凄凉、伤感。据说，这些死去的树木都是水獭的"杰作"，它们挖坑、吞土，把树木都毁掉了。不远处，还有一片死树林，被称为"醉汉林"，东倒西歪，浸泡在水中。那是天气变暖，雪山融化所致，这应该是大自然的惩罚。

凄枯过后，接下来又是满目大片大片青翠的森林，没有遭到人类和动物的破坏。林中，不断有野兔、野狼、野鸟出没。原始、幽静、纯真，没有污染，没有砍伐，绿意浓浓。

▲ 枯死干裂的树木

穿过这片森林后，目光中又出现一弯湖泊，水是那样清晰、平静，倒映着雪山、古树，湖边的野鸭、海鸟逐水戏闹，别有情趣。这一片静谧的湖水，给自然保护区又增加了一抹亮色。

穿行在林中，只见动物的行迹，却不见人的影子，自然保护区之大在阿根廷屈指可数。在火地岛国家自然保护区内，还有一个看点是泛美公路，即阿根廷最长的 3 号公路。它从这里向北延伸到阿根廷首都有 3242 公里，之后再沿美洲大陆西海岸继续向北，直到美国阿拉斯加州北冰洋边的普拉

◀ 忙碌的"世界尽头邮局"

015

▲ 公路尽头竖立的木制标牌。这就是3号公路的起点，或者叫终点。

德霍贝，全长17848公里，相当于绕地球半圈的长度。

我们大约行进了一个多小时，汽车在公路的尽头停了下来。因为前边再没有路可走了，只能停止行程。我们走下汽车，看到公路尽头立有一个标牌，这就是3号公路的起点，或者叫终点。标牌上记述着3号公路的情况。人们排长队在此拍照、留影，留下永久的纪念。

"世上本没有路，走的人多了便成了路。"尽管这是3号公路的尽头，但在尽头的一端还是踩出了一段土路，通向一处非常漂亮、幽静的天然湖泊。我们踏着这段人工踩出来的窄小弯曲的土路，走向湖水。当湖面尽入眼底时，竟不自觉地发出一声感叹："大自然太美了！世界尽头的保护区太吸引人了！"这里应该是火地岛国家自然保护区中的精华：湖中水面的神秘，岸边森林的幽静，草地鲜花的芳香，飞鸟叫声的甜美，水中蓝天的诱人，这一切让人如痴如醉……

火地岛国家自然保护区太值得一游了！在进入南极之前，领略世界尽头的原始风光，太有意义了！

▼ "世界尽头"最大的淡水湖

　　返回乌斯怀亚的路途中，人们重温这一特有的自然风光，美在眼里，装在心底，永远留在记忆中……

　　再见了，火地岛！

　　告别了，自然保护区！

向南极起航

　　蓝蓝天空，朵朵白云，皑皑雪山。

　　已是晚上9点，乌斯怀亚的太阳斜斜挂在天边，灿烂、耀眼、辉煌，雪山顶反射出银白色的光芒。

眼望四季，春夏秋冬尽收眼底。

乌斯怀亚码头液晶显示牌显示：乌斯怀亚全天晴,04：48：00日出,22：10：00日落。

我们站在港口，凝视着所要乘坐的"前进"号探险船：黑色的船底，白色的船顶，中间的红色像一条腰带镶嵌在船体上。黑、红、白三色，装饰一新的航船，显得威武、庄严、气派。

"前进"号探险船长114米，宽20米，高25米，吨位12700吨，载客量除70名船员和探险队员外共计240人，船速30公里/小时，配有5艘极地登陆冲锋舟，是一艘专门用于探索南极和北极未知地区的探险船，也是世界上最安全、最先进、最环保的远洋航船。

▼ 停靠在乌斯怀亚码头的"前进"号探险船即将起程

当我们登上船口，顿感这一航船如此之大，人一下子显得那么渺小。厚厚的钢板，虎视眈眈的前舱，敦敦实实的船锚，耸立天空的旗杆，密密麻麻的导航仪，真够现代化了。

第一次乘坐探险船，而且是重量级的，大家充满了好奇。我们从一层爬到八层，从内舱钻到外舱，从甲板登上巡视塔，详细探索着船上的公用设施。太齐全了！有观景厅、讲座厅、音乐厅、就餐厅、咖啡厅、阅览室、商品部、健身房、游泳池、洗衣房、医务处、电脑房、洗浴房、桑拿房、棋牌室、放映厅、吸烟室、邮递处，等等，应有尽有。

①船上健身房设施齐备，甚至还有乒乓球台。　②图书阅览室
③购物中心　　　　　　　　　　　　　　　　④咖啡厅
⑤享受桑拿浴　　　　　　　　　　　　　　　⑥休息厅悠闲时光

在船的通道里、电梯旁、疏散口、进出门、拐弯处、墙角边等，到处放有晕船袋、手巾纸、呼叫机、灭火器、警示牌、救生圈。以防不测和万一，十分人性化。

四层的休息大厅，挂着非常醒目的大屏幕电视，显示到达的地点、时间、坐标。旁边还悬挂有一张这次航行的线路图，其航标路线为：

乌斯怀亚、毕格尔水道、马尔维纳斯群岛（福克兰群岛）、西风带、南乔治亚岛、南奥克尼群岛、南设得兰群岛、布兰斯菲尔德海峡、南极半岛、南极大陆、德雷克海峡、合恩角、乌斯怀亚。

观看了船上设施之后，回到我们所住的船舱512房间。

▲ 航行路线图

哇！真的很漂亮。两张床可以折叠起来多用，既能睡人，还能当沙发，床垫特别柔软，富有弹性。电视、台灯、桌椅、衣柜等一应俱全；卫生间非常精致，所需要的设施全有了。小小的空间，真是超出了想象，感到很舒适、雅静。

晚上9点30分，"前进"号起航了！

船舱外：雪山下的乌斯怀亚，明媚、绚丽、多彩，一步步缓慢后退、后退……

毕格尔水道：宽阔、舒缓，静谧得没有一丝波浪……

船舱内：彩旗高挂，音乐奏响，这里将举行一次隆重的欢迎会。

伴随着优美的乐曲，"前进"号探险船顺毕格尔水道，平静地向前、

▼ 舒适整洁的客房

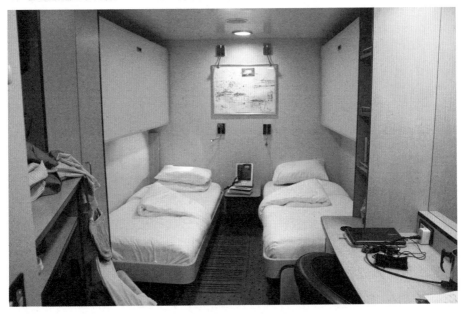

向前……

　　时下，七层大厅里，坐满多国前往南极的探险者。大家相识、交流、谈论。其中有来自德国、法国、瑞典的，有来自美国、加拿大、墨西哥的，有来自新加坡、越南、日本的，有来自澳大利亚、新西兰、阿根廷的。中国大陆共有9名探险、造访者，还有来自中国台湾和香港地区的。杨金辉是中国团的总领队，为专职翻译，精通英语、德语、法语等多国语言，他受北京凯撒总裁陈小兵的嘱托，带好队，服好务，作好翻译工作。这次远航，全船年龄最大的83岁，最小的12岁，大都在50岁上下。

　　10点整，船上的工作人员相继与大家见面，其中有船长、大副、探险队员、讲师、专家及学者，还有没到场的40多名办公、协调等服务人员。

　　主会人特意介绍了8名探险队员，因为他们要协助大家登陆并讲解，是最贴近造访南极者的工作人员。他们是探险队长、地质学家史谛芬·比尔萨克（Steffen Biersack），探险队副队长、地质学家伊娜·诺维妮（Yina Nuoweini），探险队员、地理学家安佳·爱德曼（Anja Erdmann），探险队员、生物学家菲德里克·布鲁尼（Friedrike Bronny），探险队员、鸟类学家曼纽·马瑞（Manuel marin）等。这些探险队员和专家学者来自不同国家和地区。

在介绍船上的探险队员和专家时，主会人特意告诉大家，探险人员主要负责探视登陆地点，开辟行走路线，还要保护所有登陆人员的生命安全。为此，探险队员包括专家都穿着红色衣服，和造访者所穿的蓝色衣服明显区别开来，若遇到紧急情况，首先要呼唤穿红色服装的探险队员。探险队员通常又都是专家，不过专家类别不一。

欢迎会上，宣读了国际上通用的《南极条约》，强调了登陆后的注意事项：切记不要触摸动物和向动物投食，切记与动物保持 5 米的距离；严防踩踏和破坏植物，不要独自前往冰河和雪地；严防在岩石上喷涂刻划；严防带走任何东西如岩石、骨头、蛋壳、化石和土壤；严防擅自离队。

最后，船长儒讷·安德瑞森（Rune Andreassen）讲话，他说："这是一生中最美好的旅行，'前进'号探险船将带您前往世界上很少有旅行者造访的地方，一起去探寻最原始的自然风光，同时也是您探索和发现一些地球上最遥远地区的环境、野生动物和人群难得的机会。体验形形色色的南极生态，成千上万企鹅聚集的奇景。探索南极，向南极洲前进，完成这次史诗般的航行，在世界之端，一个被冰山填满的世界中，享受真正的难忘的日日夜夜……"

▷ 航船起程，船长讲话。

这时，船长喝了一口水，提高了嗓门："踏访世界上最后的净土，踏足地球上唯一的最纯净、最原始、最神秘的白色大陆，近距离感受冰川的无比震撼。这是一次精神的升华，探寻神秘未知的南极世界，真实感受人类不屈意志和精神磨砺，在纯净的冰雪极地沉思、交流、修炼，这是何等的美好啊……"

"来吧！女士们！先生们！让我们一起唱歌、跳舞吧！为我们大家的南极之行顺畅、愉快、幸福而欢呼跳跃吧！"

话毕，音乐渐起……

船长率先带头在前台舞动起来……

继而，一个个陌生的面孔，不同的肤色，步入舞池，翩翩起舞……

伴着歌声，和着音乐，划着舞步，"前进"号探险船徐徐前进、前进……

走访船长及船长驾驶舱

浪潮逐起，海涛翻浪。

为了减缓人们的压力，使大家逐渐适应海上航行，船上特意安排大家参观船长驾驶舱，顺此机会，作者走访一船之主，了解一些情况。

船长操控间位于六层最前端。当我们走进操控间时，顿时被现代化设备和仪器所迷住。操控间面积达200多平方米，大玻璃、大框架，视野非常宽广。透过瞭望台，可见前方的水域、蓝天、海岛，十分清晰，就连掠过的飞鸟也看得非常清楚。操纵台上的各种仪表、指针、按钮、线路、坐标，密密麻麻，眼花缭乱。

船长向我们介绍，"前进"号探险船的指挥系统由电脑自动控制，前后都有驱动器，四套卫星定位系统，设两部雷达。一切都是全自动的，如自动导航、自动减速、自动驱动、自动加压等。如果遇到冰山，自动绕开，遇到狂风，自动加力，若有不测，自动呼叫。

　　操控间共有两个座椅，一个是船长的，另一个是大副的。大副是主要操作手。因为是电脑自动操作，两个座椅基本闲置，只有在特殊情况下，船长才进来掌控。当然，也有两架手动舵轮，这是在断电、失控情况下启用的。为此，参观期间，所有乘客都可以坐在船长座位上尝试、体验，留影纪念。

这就是船长驾驶舱。船长正在讲解指挥工作台上的自动操作按钮。

　　在参观操控间时，作者趁机走访了儒讷·安德瑞森船长，热情的船长一一回答了所有问题——

　　问：船长，请问您在这个岗位上干了多少年？

　　答：自2005年以来当船长，之前的11个年头当大副。

　　问：您共到过多少次南极？

　　答：210次。

问：这210次有没有遇到险情？

答：一般情况下，我们都把险情消灭在萌芽中。在南极海域行船，意外的情况总是有的。去年，我们的船走进南纬66°海域，在雪山一侧航行。突然，狂风大作，海浪滔天。当行至两山之间的水道时，骤然一声巨响，地动山摇，水浪拍天，发生了雪崩、冰山塌陷，我们的"前进"号几乎被推翻。在这千钧一发的时刻，我猛打方向，迅疾逃离，避免了一次重大事故的出现。现在想起来，太险了！还有一次，发生在冰架崩塌的瞬间，冰海掀起上百米的浪柱。海浪驱使冰山移动，骤然包围了航船，随时都有将航船击沉的可能，船毁人亡，太危险了。我们被死死围困36个小时，刹那，冰山裂开一个窄小的缝隙，趁机，我开着"前进"号紧擦着冰山挤了出去，这才脱险，万幸啊！

问：到南极，一趟下来这么长时间，吃水问题怎么解决？

答：我们有一套淡水处理系统，从德国进口设备，日淡化水140吨。经过淡化处理的水，可以直接饮用。

问：垃圾如何处理？

答：全部用袋封起来，运回去，送到垃圾处理厂。

问：您一共去过多少个国家航运？

答：冰岛、荷兰、美国、巴拿马、智利等，一共48个国家，但没有去过中国。

问：您是什么学校毕业，学什么专业？

答：国际海事大学，专业为航海。

问：那么，你最崇尚和钟爱什么职业？

答：探险！因为我的专业是航海，所以对探险特别感兴趣。

问：探险的目的地呢？

答：当然是北极和南极了。因为两极至今还是世界上的未知地带。

问：北极和南极相比之下，更倾向于哪个？

答： 当然是南极了！因为南极与挪威有着千丝万缕的连带，特别是第一个到达南极点的人就是挪威的探险家阿蒙森。

问： 对于南极探险家，除阿蒙森外，您还崇拜哪些人？

答： 多着呢！特别是最早去南极探险的冒险家，或者说最早寻找和发现南极洲的那些探险家。

问： 您围绕南极洲的发现，能说出些探险家的名字吗？

答： 当然啦，你要知道，我是海事大学毕业的。1772年，英国的詹姆斯·库克历时三年第一次进入南极圈；1819年，英国的威廉·史密斯进入南极海域发现南设得兰群岛；也是在1819年，俄国的别林斯高晋在距南极大陆不远处发现彼得一世岛和亚历山大岛；1820年，美国的纳撒内尔·帕尔默发现南极半岛；1822年，英国的詹姆斯·威德尔进入南极海域南纬75° 15′ 创南极纪录；1840年，英国的詹姆斯·罗斯寻找到南磁极⋯⋯

问： 那到底是谁第一个发现南极大陆的呢？

答： 迄今说法不一，争议很大。我认为，平心而论，发现南极大陆的第一个人应该是中国的郑和。郑和从1405至1433年七下西洋，且挺进南设德兰群岛，登陆了梦幻岛，又南下进入布兰斯菲尔德海峡，他看到了对面的南极半岛，南极半岛即为南极大陆。为此，中国的郑和要比英国的库克早300多年。

问： 您说得太好了！

答： 的确，这是一个不争的事实。郑和是世界历史上最伟大的航海家。在2002年，英国的前海军军官、世界海洋历史学家孟席斯专门出了一本书，名为《1421中国发现世界》，一下子震撼了世界。这本书就证实中国郑和发现南极大陆，早于哥伦布发现美洲大陆87年。

问： 您的知识太丰富了！年轻有为啊！

答： 不，我已步入中年，今年都45岁了。

问： 若方便，能否介绍一下您的家庭结构？

答：父母、妻子，还有三个孩子。妻子是个中学教员，非常支持我的工作。

问：家里惦念您吗？

答：但愿，希望！

儒讷·安德瑞森船长接受采访后，很兴奋。他特意赠送作者一本"前进"号探险船运行资料图。之后，在船长的引领下，大家又参观了船舱底部的机器设备和船上的一些设备。

期间，船长儒讷·安德瑞森还展示了一些国家友人送给"前进"号的各种奖章和纪念品，并一一作了详细介绍，他说："这些纪念品中，有中国北京凯撒国际旅行社赠送的一块金制鸟巢纪念牌，非常精美、精致、精道。"他恳求将这些一并告诉中国人，请中国人来乘坐"前进"号探险船，最后他深情地说："中国人民和挪威人民是友好的，希望多加深两国人民之间的友谊和友情。"

◀ 多国友人赠送给"前进"号的纪念章，左上角为中国北京凯撒国旅赠送的鸟巢金质纪念牌。

▼ 甲板一角，碧海如醉。

参观后，我们到讲演厅听讲座，了解更多的南极知识。

"呜——"一声汽笛在海域上拉响！随着汽笛声，回首而望，依稀可见隐隐约约的乌斯怀亚……

"前进"号探险船在海鸟的舞动护卫下，继续前进……

天空降下幕布……

太阳退出地平线……

大海笼罩在一片黑暗中……

温馨提示 | kindly reminder

　　到南极去旅行，首先要在国内选好旅行社。目前，国内凯撒、国旅、五洲行、神州等多家旅行社都办理去南极的手续。起始路线从北京首都机场出发，飞至迪拜转机到阿根廷首都布宜诺斯艾利斯，再换乘飞机飞行3个半小时到达乌斯怀亚，然后乘轮船去南极。还可以个人自助行，通过有关部门到阿根廷驻中国大使馆办理签证，乘机飞至乌斯怀亚自行购买船票去南极。另外，也可从澳大利亚霍巴特港、新西兰基督城、南非开普敦、智利蓬塔阿雷纳斯去南极，不过线路较长。价格视游船大小、载客量、设施、舱位而定。每年的11月到来年的2月是去南极旅行的最佳时间，这段时间是南极的夏天，日照时间长且气温相对较高。

CHAPTER 2

马尔维纳斯群岛：人间天堂

一片纯净的土地，一派自然的风光。

偏僻、封闭、原始；远离大陆，远离繁华，远离世俗。

这，就是马尔维纳斯群岛。数以百计的岛屿，上万平方公里的面积，两千多人口的岛民，过着与世隔绝的安逸生活，被誉为"人间天堂"。这里不仅是"人间天堂"，还是动物的乐园，活动着南极特有的企鹅、信天翁、鸬鹚……

然而，大自然恩赐的富饶美丽的马尔维纳斯群岛，一度成了英、阿两国纷争的焦点，就在这"人间天堂"之地，曾燃烧起战争的硝烟！马尔维纳斯群岛，因此而闻名世界……

世外桃源斯坦利港

海阔天空，波浪翻卷，一览无余。

"前进"号探险船向东偏北方向航行了两夜一天，漂到马尔维纳斯群岛海域，远处的海平面出现苍茫的海岛。深蓝色的海，浅蓝色的天，天海之间，依稀可见岛上的房屋，间或红色、绿色、黄色的顶，把岛屿点缀得十分亮丽。那就是马尔维纳斯群岛，五光十色的建筑所在地就是首府斯坦利港。

马尔维纳斯群岛（Malvinas Islands）又称福克兰群岛（Falkland Islands），其坐标为南纬51°40′至53°00′，西经57°40′至62°00′，阿根廷与英国的一场马岛之战使之扬名于世。

"前进"号探险船缓缓前行，岛上的房屋逐渐清晰立体，特别是那白色墙体托起的五颜六色的屋棚，格外炫目。

斯坦利港到了。一上岸即是入境管理处，需要办理有关手续。管理处非常之简单，只一间乳白色低矮窄小的尖顶房子。不排队，不拥挤，十分冷清，仅有我们一个团队。据悉，平时来这里的人并不是很多。

▼ 斯坦利港全景

办完入境手续后进入斯坦利港小镇。斯坦利港（Port Stanley），坐标为南纬51°42′，西经57°50′，北临海湾，南依山坡，整个城镇最宽敞、最绵长的一条大路名为海滨大道，由东而西依次建有纪念碑、教堂、鲸骨公园、马岛之战纪念塔、球体雕塑等。走在洁净的马尔维纳斯首府海滨大道，第一感觉这个镇太小了，居民总共2000多人，在册者有1672人，其中包括斯坦利港之外群岛上散居的住户，

▼ 马岛战争纪念馆

▼ 球雕

只就斯坦利港还没有那么多人，通过目测可数大致有多少房子，有多少棵树。

我们首先去了烈士纪念碑。碑体是一个耸入云天的十字架，碑的东侧是一片墓地，这里埋葬着马岛之战死去的军人。碑林中，有人在扫墓。沿海滨大道西行，过汽车站、教堂，是一处别具特色的鲸骨公园，之中立有三根鲸鱼骨搭建的支架，说明这里与鲸鱼有千丝万缕的联系，距南极也不会太远。通常情况，人们若进入教堂，都要经过鲸骨三角架。出鲸骨公园继续西行，便是马岛之战纪念塔。纪念塔与纪念碑遥相呼应，应该是斯坦利港的地标。纪念塔为方形立柱，四面雕刻着文字，记述着马岛之战的情况。塔的后面是一扇半圆形的墙体，上面雕刻着马岛之战的场面，通过活灵活现的图画，仿佛闻到了马岛之战的火药味……

①邮局入口
②唯一的一家学校坐落在半山坡
③通向唯一一家医院的坡路

我们从海滨大道南行,直插斯坦利港的最高处,俯视小镇全貌。看上去,街道很窄,少见汽车,就连行人也屈指可数。乌斯怀亚就够小了,这里显得更不起眼。小到什么程度了呢?一家超市、一家银行、一家商铺、一家邮局、一家宾馆、一家医院、一家电台、一家周报、一所学校。就拿医院而言,只有4个医生28张病床。若遇到重病号需转到英国或乌拉圭救治。尽管它距离阿根廷最近,但因为战争原因,堵死了沟通渠道。

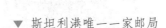
▼ 斯坦利港唯一一家邮局

　　斯坦利港尽管小,但街道整齐,房屋错落有致,全是英式房舍、英式院落、英式围栏。路旁、庭院、街心都是青草鲜花,就连家家户户的阳台也挂满红花绿叶,其环境优雅,空气清新,堪称"人间天堂"。

▼ 整修一新的树木院墙

▼ 院落里满是各色玩偶，想必家中已
　是儿孙绕膝。

▼ 世外桃源，生机无限。

　　只有弹丸之地的斯坦利港素有"世外桃源"之称，也夹杂着商业气息。比如"企鹅"的标识与乌斯怀亚一样，很多很多。"企鹅"的字样比比皆是，"企鹅"的图画充满大街小巷，墙上、屋檐上、电杆上、邮筒上，无处不在，令人眼花缭乱，将南极气氛渲染得淋漓尽致。企鹅是南极的象征，从企鹅自然联想到南极。穿行在企鹅标识的小镇里，仿佛闻到了南极的气味，给人的第一印象：南极就在眼前。在马尔维纳斯群岛，也聚集着很多企鹅，为此当地人就打企鹅的招牌，张贴企鹅形象于街头巷尾，吸引游客。

斯坦利港始建于 1840 年，居民多为英国人后裔。由于偏远、闭塞，几乎与世隔绝，所以发展缓慢。这里的人们主要从事畜牧业，以养羊为生。全岛共有羊 70 多万只，所有羊毛运到英国加工销售。

为了深入了解当地的历史情况，我们来到斯坦利港博物馆参观。博物馆建得很小，但藏有大量珍品实物。工作人员特意为我们这些远道而来的不速之客讲解了马尔维纳斯的历史。根据文字记载，英国人约翰·戴维斯在 1592 年最早发现该岛；1690 年，最早登陆的英国船长约翰·斯特朗以英国海军将领福克兰的名字命名该岛为"福克兰群岛"。后来，西班牙人

◀ 门口的企鹅募捐箱

▶ 公交汽车总站旁的福克兰群岛游客问询处

登岛，命名"马尔维纳斯群岛"，这个名字出于西班牙语。之后，阿根廷从西班牙手中接管该岛。围绕岛屿纷争，阿根廷和英国于1982年爆发了战争，最后英国取胜。

马尔维纳斯群岛西距阿根廷海岸500公里，由东岛和西岛两大岛及200多个小岛组成。东岛长140公里，宽97公里；西岛长132公里，宽75公里，总面积为12000多平方公里。岛上多为丘陵，奇花异草，动植物资源十分丰富，是信天翁、企鹅、海狮、海象、海豹、海豚的乐园。

断崖湾惊现贼鸥吃企鹅

汽车飞奔，穿云破雾，车后扬起阵阵尘土。

我们沿马尔维纳斯一号公路由斯坦利港出发西行，直奔断崖湾。公路两旁，左边是平原，右边是山岭，不管是山坡还是平地，一棵树木都没有，满目荒芜，偶见一些杂草。公路上除我们的车外，一辆汽车都没有。不管是大车，小车，还是行人，均不见踪影。这还是主岛，足见马尔维纳斯群岛人烟稀少。公路旁散落着很多乱石堆，汽车司机介绍说："那都是马岛之战中的掩体，人为所致，那一仗打得太残酷了，死了很多人。"当问到司机的祖上是英国人还是阿根廷人时，他闭口不谈，只说自己土生土长，几代人都在此岛繁衍生息。

断崖湾（Bluff Cove）处在马尔维纳斯群岛的西部，其坐标为南纬51°20′，西经57°53′，是主岛东岛上的一处海湾。它距斯坦利港只有25公里，是从首府出发最近一处观看企鹅的旅游景点。所以，凡到斯坦利港观光的人们都是首选这条线路。

当汽车开出10多公里，路的左边出现一大堆各式各样的鞋，有长筒的，

短筒的；有皮鞋,胶鞋；有棉鞋,凉鞋。看到这么多鞋,大家很感奇怪。这时,司机有意停下车来,让我们拍照,他说:"对于这些鞋有好几个版本解释,一说难得马岛一游,便脱鞋放置做纪念；二说徒步马岛太磨鞋,穿坏之后就留在这里保存吧；三说英阿马岛之争有悬念,还是停下脚来和平解决,不要战争!"

这位司机名叫托脱纳斯,今年66岁。他原在一个独岛上生活,由于年龄偏大,便移居首府安度晚年。他曾去过英国伦敦,也去过阿根廷布宜诺斯艾利斯,当被问到对两个国家的感受,他说各有特点,其他话题则闭口不言。

行至一个油库,路标显示出17公里,汽车停下来,这时托脱纳斯司机说:"断崖湾快到了,还有8公里,面包车开不进去。这8公里全部是坑坑洼洼、沟沟岔岔,为此有专车送客。"

刚说完,三辆越野车开来,我们换乘后离开公路,驶入茫茫的灌木丛中。没了路,没了方向感,越野车在坎坷的坡地上行驶,车体东倒西歪,上下颠簸。这时有人开始呕吐,实在承受不了。如果窗外的景色美丽也能缓解疲劳,但偏偏是低矮的树丛、草地和泥滩,一片荒芜。汽车越走越下沉，最后开进了沼泽地。整整一个半小时才到达海边，断崖湾总算走到了！

不付出，难得到。当站在断崖湾时，展示在眼前的是一幅油彩画：一望无际的大海，一望无际的蓝天，一望无际的草地，一望无际的海滩……

此时，才真切感受到"只有苦中苦，才有甜中甜"！那山、那水、那草，那滩、那岗、那崖，醉了！迷了！惊叹了！大自然，怎么恩赐了这么美好的图画？装饰了这么迷人的境地？布置了这么震撼的框架？

当我们走下断崖，又看到一幅动人的画面：上万只巴布亚企鹅昂首挺立，一排排，一行行，一队队，目光朝前；上千只飞鸟群起群落，一阵阵，一团团，一串串，俯冲海面。这，就是断崖湾！

面对动的美景，面对静的画面，我们想到了地球，想到了世界，想到了人类。玛雅人曾推断地球某一天将毁掉，人类要灭亡，这怎么能让人相信？这怎么可能呢？

这时，来自北京的杨金辉突然展开一幅长长的红色条幅，上面写着"地球万岁"，这真是太有创意了。于是大家纷纷围拢过来，不管是黄皮肤还是蓝眼睛，都站在条幅后高喊："地球万岁！万岁地球！"鲜红的条幅展亮

▼ 通向断崖湾的坎坷之路

▲ 顺风看去，黑压压的
都是巴布亚企鹅背。

► 逆风而望，白色企鹅肚齐刷刷呈现在眼前，它们都在坚守阵地保护小企鹅。

在海边、草原、沙滩，给断崖湾增添了无限生机，让大地着上了五彩衣裳，就连企鹅也欢快地摇摆起舞……

到断崖湾的主题活动是近距离观看企鹅。我们从一边切入，走近企鹅群，但决不允许走进企鹅的队伍之中。《南极条约》有严格的要求：走近企鹅的界限是 5 米，否则越规。企鹅可以走近你，但严禁抚摸和喂食。从宏观上展望，企鹅占地足有两公顷之大，成千上万。使人不解的是：企鹅的身姿都是一个方向，朝风向的一面是背部，避风的一面都是胸部，没有一只企鹅违背这一现象。当我们顺着风向看时，成千上万的企鹅黑压压一片，都是黑色的背影；而逆着风向看时，成千上万的企鹅白花花一片，全是白色的胸影。

正当我们疑惑时，探险队副队长伊娜·诺维妮女士走过来向我们介绍，她说："眼下，正是孵化小企鹅的季节，你们仔细看，每个雄企鹅的身下都护着一只小企鹅。为什么背朝风向呢？很明显，避免小企鹅被风吹着，否则就会受凉，难以存活。"

我们细心观察，还真是这种情况，企鹅和人类一样，都懂得护卫下一代。

正当我们细心观察之际，看到企鹅群里还有一种像鸡一样的飞鸟混杂其中，走来走去，让我们莫名其妙！

这时，伊娜·诺维妮又走过来介绍："那可不是鸡，它叫贼鸥，是企鹅的天敌，专门寻找时机偷吃小企鹅，你们看，贼鸥非常机灵，两眼左顾右盼，机敏地站在企鹅群里寻觅着。对于雄企鹅来说，更是要小心谨慎，严守阵地，不离开半步。只要看到贼鸥走来，就大声鸣叫，以示抗议，为小企鹅壮胆。"

▼ 企鹅大叫躯赶黑背贼鸥

▼ 黑背贼鸥最终得逞叼走一只小企鹅　　　　▼ 贼鸥吃小企鹅，惨不忍睹。

物竞天择，适者生存。

"吱——"！突然一声尖叫，惊动了一片企鹅。顺着尖叫声，我们看到一只贼鸥正从一只雄企鹅的肚子底下叼走一只小企鹅飞跑，雄企鹅连喊带叫猛追。但它哪能追得上贼鸥呢？急得几次摔倒，爬起来再追，当快要追上时，贼鸥早已把小企鹅咬死，留下血淋淋一片……

这只企鹅，眼睁睁看着贼鸥吃自己的小仔，无奈……

太残忍了！看到这一场面，在场的人都在感叹："守护好自己的孩子，动物尚且这样，人，更应该如此啊！"

大家实在不忍再看这种惨不忍睹的场面，不约而同离开了企鹅群，到断崖下的海边放松一下紧张的情绪。

走在沙滩上，伊娜·诺维妮安慰大家不必伤感，动物都有天敌，这是很正常的，她又一次谈到了贼鸥，她说："贼鸥是南极的一种飞鸟，有健壮的身姿，洁净的羽毛，发亮的黑嘴，炯炯的目光，很是漂亮。但它是一种猛禽，又称为'强盗'，专门吃企鹅的蛋和雏企鹅，多是用'偷'、'抢'的方式袭击企鹅窝，叼走企鹅蛋和小企鹅，十分残忍。另外，贼鸥好吃懒做，自己很少筑巢，常栖息在岩石中或其他鸟巢中。它的习气也不好，常在企鹅身上拉屎，极其恶劣。"

①三三两两的巴布亚企鹅去到海里捕食
②捕到磷虾昂首挺立
③在断崖湾我们还看到了麦哲伦企鹅
④冠企鹅也出现在我们的眼前

　　在去往断崖湾博物馆的路上，我们不仅看到很多巴布亚企鹅，还看到不少麦哲伦企鹅和冠企鹅（又名黄眉企鹅）。

　　断崖湾设有一间博物馆，一间纪念品商店，一间邮寄明信片的地方，这些都是业主斯特非扉开设的。断崖湾地域为私人场地，业主喂养着上千只羊，有一处庄园。由于这里的生态环境非常好，又是企鹅的栖息地，引来不少游客前来观光。为此，业主设置了简单的购物场所。当被问及

▼ 简易博物馆里展示各种鲸骨

◀ 海边童趣

为什么不把这 8 公里的路全修成公路时，业主的回答非常肯定：破坏生态环境！

小小的马尔维纳斯群岛，人们的生态意识和环保意识多么强烈！业主斯特非扉 8 岁的女儿在斯坦利港上学，每天接送都要走这 8 公里的坎坷泥滩，其付出的心血和汗水可想而知……

离开断崖湾的路上，我们一直思考这样一个问题：之所以断崖湾有那么多企鹅，那么多海鸟，关键是没有通向外界的路！

封闭、偏远，与世隔绝，成就了生命……

去新岛看信天翁

万里晴空，万里海洋。

"前进"号探险船在大海中像一叶小舟，漂荡到马尔维纳斯群岛最西南角的一个岛屿——新岛（New Island），其坐标为南纬51°21′，西经60°41′。

从船舱里隔着玻璃窗远眺，新岛绿意盎然，峰高岭低，山脚下一处农宅镶嵌在花草丛中，给这个平静的岛屿增加了无限生机。

这时，轮船上的广播发出信号：马上出舱，做好登陆新岛的准备。

我们迅速穿上统一发放的蓝色冲锋衣、红色救生马夹、黑色防水长筒鞋，下到二层出舱口，准备走出船体登冲锋舟。

▼ 探险船靠近新岛抛锚

▲ 排队刷卡下船

登陆有一条严格的制度：刷卡。卡上存有每个人的照片、姓名、护照号码、房间号、国籍、卡号等信息。出船前都要刷卡，电脑记录下离船时间。等到登陆结束返回船舱时需再次刷卡，表明你已经安全归来。否则，船不会起航。这是下船和上船最重要的两道关卡，不管任何人，统统如此。

▲ 消毒

刷卡开始了！全身武装的我们，排成一队，站在船口，刷卡后，两名管理人员带我们通过一道船舱的外门，沿着船外的悬梯走下去。当快要贴近海面时，看到一艘冲锋舟靠在船体边沿。这时，我们穿着长筒鞋先步入第一个水池清洗，再进入第二个水池消毒，接着到最后一个水池冲刷。经清洗、消毒、冲刷，三

▲ 冲刷

▼ 登上新岛港口

道关口通过后，这才登上冲锋舟。

太繁琐了！太严格了！

因为，进入南极有严格的规定，决不能把身上的任何东西带进，甚至是一粒沙子，以预防污染。在刷卡前，我们所有人员的衣服都已被吸尘器吸过，包括口袋，不让一点点尘埃落入南极。

冲锋舟在大海里划出一条水花，很快靠岸新岛。渡口处有一棵浓密的大树，树的枝条都侧向一个方向，而且非常明显，这应该是受到风的长期作用。

上岸后，我们沿着窄小的羊肠山路前行。工作人员一再强调："不能越出小路半步，否则会误踩地面上的鸟蛋。因为岛上的鸟太多了，眼下正是鸟的产蛋期和孵化期，鸟蛋像滩地上的鹅卵石一样，多得很。一个鸟蛋，就是一条生命！"

于是，我们小心翼翼地走，生怕踩坏鸟蛋，有的女士甚至不敢迈步，稍不注意，一条生命就会惨死于我们脚下……

▼ 小心翼翼地走，稍有不慎就会踩到鸟蛋。

▲ 隐在草丛深处的鸟蛋

▲ 两根鲸骨搭起的院门

　　山路正好穿过一处农宅，这是岛上唯一的一家住户，也是岛的主人。在马尔维纳斯群岛，所有独岛都归私人所有。新岛也是一样，由一位年迈的老人经营，因身体状况不佳，老人现已住进斯坦利港，新岛已交由他的女儿管理。路上，正巧遇到他的女儿，她告诉我们："我的父亲已在此岛守护了大半生，这里原来是个捕鲸点，因为禁捕令的下达，萧条了起来。"之后她把话题一转，说："现在这里已经开辟成旅游点，每年夏季到这里来的人很多，这个岛上聚集着很多鸟类，特别是信天翁，多

▼ 新岛美丽的女主人

得很啊！"

　　岛上的宅院很有特点，门口用两根粗长的鲸鱼骨搭成角形，庭院前是修剪一新的灌木丛，挂满了红色和黄色的鲜花，房屋的外墙角摆满了鲸鱼的骨骼，显示出这一带水域曾经是鲸鱼活动的场所。

　　岛上的小路既非石子铺成，也不是堆土而建，而是由一层厚厚的草甸天然铺就，柔软得像是踩在地毯上。小路两旁青草郁郁，丛中地上，集着许多鸟儿，自由自在地跳跃着，欢叫着。

　　一艘破旧斑驳的捕鲸船出现在海边的浅滩上，许多飞鸟在啄食。捕鲸船的一侧有一间房屋，这就是博物馆了。我们走进去，这间40平方米的展厅放置了大量鲸骨和捕鲸用具，让人们联想到昔日捕鲸时代对生态环境的破坏。

　　新岛并不是很大，我们走出三公里，到达岛的另一头，这里山势巨变，悬崖峭壁，沟谷深渊，让人望而生畏。然而，这里却是鸟类的天堂。山石上、悬崖下、山谷里，栖息着成千上万的鸟类。鸟巢、鸟蛋、鸟粪、鸟群，一一

▼ 近距离观看

▲ 新岛栖息着千千万万只信天翁

▲ 黑压压漫山遍野的信天翁

呈现在眼前。最多的鸟是信天翁，铺天盖地，爬满了山岗。

在此，"前进"号探险船上的鸟类专家曼纽·马瑞对作者说："南极地区的鸟类全部是海鸟，共有 36 种，主要是企鹅、信天翁和海燕。从数量上看，大约有 6500 万只。全世界共有海鸟 10 亿只，而南极就占世界海鸟总数的 18%，堪称飞鸟的天地。它们分布在南极大陆沿岸和南极辐合带南北的岛屿上，以食磷虾为主，现在眼前看到的都是信天翁。"

我们坐在石块上，慢慢观察眼前密密麻麻的信天翁，它们所筑的土窝一个连一个，一处连一处，一片连一片，范围太大了。信天翁体大、色白、嘴长，身上是洁白的羽毛，尾端和翼尖带有黑色斑纹，躯体呈流线型，非常可爱。信天翁种类很多，有漂泊信天翁、皇信天翁、黑眉信天翁、黄鼻信天翁、灰背信天翁等 18 种之多。信天翁属于管鼻鸟，嘴上长有一个鼻孔状的管子，与胃相通。应急时是进攻的武器，当敌人靠近它或者是它的幼子受到侵犯时，便会突然发动进攻，将胃中的液体像子弹一样喷出，喷

①寻到知己，热情接吻。　②叼土筑窝建立家庭
③安心孵化下一代　　　　④小宝贝出生喽
⑤精心呵护，享受温暖。

射距离可达一米之远。这种液体有毒，臭气熏天，腥味难闻。

我们近距离观赏，几乎每只成年信天翁身下都有一只小信天翁，正在接受抚育和喂养。鸟类同人一样，对下一代非常尽心尽力。看吧，大信天翁正为它的幼子喂食，同它们亲吻、戏闹，其乐融融的场景真让人感动。

马尔维纳斯群岛是信天翁最大的聚集地，这也是马尔维纳斯群岛上的人们最值得骄傲的。

信天翁是一种珍贵的鸟类。在现场，鸟类专家曼纽·马瑞兴奋地告诉作者，信天翁是南极地区乃至世界上最大的一种飞鸟，被誉为"世界飞鸟之王"。它的体重达 6 公斤，双翅展开达 3.5 米。信天翁还有"飞翔冠军"的美称，日行千里不是问题，且连飞数日没有丝毫倦怠和疲劳之意，即使环绕极地飞行也不在话下。信天翁最喜爱飞翔在波涛汹涌、狂风怒嚎的海

▲ 捕鱼者在海里布下上百公里
带有上万鱼钩的网线

▲ 觅食的信天翁不小心撞上鱼
钩，等待它的只有惨死大海。

面，它可凭借气流的作用在波峰浪尖自由自在地滑翔，身姿优美异常。

曼纽·马瑞说到这里，心情悲凉起来，他介绍，信天翁每年从北极海
域飞到南极海域，又从南极海域飞回北极海域。它是一种"吉祥之鸟""导
航之鸟"，被誉为"航海天使"，航海家见到它会非常高兴。但是，信天翁
正遭受痛苦，濒临灭亡，曼纽·马瑞突然压低了声音，伤感地说："信天
翁被残杀，主要来自渔业船只。捕鱼者在大海中布下大片大片的渔网、鱼钩，
而对于以海上磷虾为食的信天翁来说，渔网的杀伤力太大，成千上万的信
天翁因寻食而惨死，被送归大海……"

鸟类专家的一番话，让人心情沉重。无辜的死亡，无谓的丧生，谁来
拯救这些可怜的生命啊！

▼ 新岛旧时的渔船

南极，存在着危机……

信天翁，面临着灭亡……

在卡尔库斯岛做客

乌云密布，浓雾遮天，一片黑暗。

披着雾气，我们造访了卡尔库斯岛（Carcass Island），其坐标为南纬51°11′，西经60°34′，它处在马尔维纳斯群岛的西北角，只有一户居民，户主名叫利栗（LiLi）。

登岛后，我们爬了一段坡路，沿着海湾，穿过灌木丛，向着前面的红房子走去。这个岛不像新岛上的山那么高，

▲ 登陆卡尔库斯岛恰逢雾天

而是低矮的丘陵，长满黄色的野花。尽管是阴雾天，但空气依旧清新。眼前展现出一幅非常漂亮的山水画：左边是高低不平的山峦，右面是弯曲的海滩，前方树林中掩映着鲜红的房顶。路边，不断有野兔出没，小鸟在头顶叫来叫去，扑鼻的花香一阵连一阵。

太美了，卡尔库斯岛！登岛的人群，三步一照，五步一拍，怎么也欣赏不够这神仙般的境地，真是"百步不同天"。

▼ 卡尔库斯岛上通向宅主家的漫漫泥土路

▲ 密不透风的林木，围成了羊圈。

当我们沿海滩走向那座红房子住地时，居然找不到它的位置，寻不到它的影子，骤然被四周的古树林挡住了，且包围得严严实实，密不透风。我们弯腰钻进这片枝繁叶茂的古树林，向上看，不见天，向前看，没有边，黑乎乎的能见度极低。当一脚踩在羊粪上时，才知道这是林中羊圈。主人太聪明了，利用天然屏障作为羊群的驻地，再好不过了。

穿过树林，终于找到了住户的入口，那是从茂密树林里开辟出的一条窄小通道。弯着腰钻进去一看，原来红色房子隐在高大的树林之中，而住户就像是生活在绿岛中，环保安静。

这是一处二层小

▲ 只有从此树洞里穿行，才能进到内院。

楼，热情的户主利栗在门口迎接我们这些远方的来客，非常和气友好。走进红房子，当拐进客厅时，那桌上摆满了各式各样的茶点小吃：面包、饼干、薯条、牛奶、咖啡、肉干、干果等等。利栗请我们随意品尝，不收取任何费用。利用喝咖啡的空闲，我与利栗大叔聊了起来——

"您今年多大岁数？"

"六十岁出头，如果按中国的属相我应该属牛，吃草的。"老人很幽默。

"家中几口人？"

"一个儿子，一个儿媳，一个孙子，一个孙女，一个老婆。"

"岛上还有其他人家吗？"

"只有我一家，剩下的 300 多只动物，都是牛和羊。"

"主要经营什么？"

"牧业，很辛苦。每天很早起来照料它们，很晚才睡觉。这里日长夜短，现在凌晨 3 点天就亮了，4 点多出太阳，晚上 10 点多太阳才落。"

"这个岛的归属呢？"

▼ 脱靴进屋　　　　　　　　　　▼ 利栗夫妇热情招待

▼ 阳光透过枝叶洒向厅台一隅，暖意浓浓。

▼ 利栗老人以美味糕点浓香咖啡热情招待远方客人

"这个岛的地形像个冰棍，由我拿着，全部归我私人所有，资源极为丰富，但我不会吃它，我要保护它、爱护它、守护它。"

"岛上的生态环境如何？"

"这是鸟的王国，动物的世界，特别是信天翁和鸬鹚鸟，太多太多了，数以万计，还有企鹅、海豹、鲸鱼等。这里是南极的前沿，每年到这里观光的人很多。"

用过茶点，利栗老人特意带我们到他的庄园参观。走出红房，穿过树林，来到一片很大的牧场，摆放着割草机、汽车、拖拉机、水泵等。老人一边带我们观看，一边介绍，他说："这里是个世外桃源，从我爷爷那一辈开始在这里驻守，已有100多年的历史。这里环境幽雅，没有任何污染，全是绿色的、自然的。我们生活的来源，主要靠养羊。尽管这里远离闹市，但交通非常方便，岛上设有机场，如若出行，可以乘飞机。"

问及岛上的飞机，利栗大叔说："马尔维纳斯群岛设有很多机场，其中西岛设有11个，东岛设有9个，都可直飞首府斯坦利港，转机可直飞英国首都伦敦。如果要购买生活用品，都是乘飞机去斯坦利港。"

当被问到如有急病，特别是重症怎么办时，利栗大叔向我们讲述了这样一件事，他说："那是前几年，老伴突然感到头痛头晕，情况非常紧急，便匆忙乘飞机到斯坦利港，再转机到乌拉圭，送进国家医院诊治。由于抢救及时，保住了性命。"

卡尔库斯岛是个孤岛，没有病源，没有病毒，没有疾病传染的机会，所以得病的概率很低。

离开利栗的庄园，我们沿海滩继续前行，大约走出三公里，出现大面积的鸬鹚聚集地。谁知，这里观鸬鹚更有情趣,更有味道！鸬鹚是一种水鸟，羽毛呈黑色，闪绿光，蓝眼睛，能游泳，善于捕食鱼虾，多用柴草和海藻筑巢。我们在鸬鹚栖居地细细观察，有的刚从大海里飞来，有的在筑巢，有的在恩爱，有的在争斗，很有看点……

▲ 一只鸬鹚鸟寻食回来　　　　　　▲ 站在山头寻望自己的家园

①当飞到鸬鹚鸟群居处，它细细寻找自己的住窝。

②突然，它发现自家土窝上的偷情者。　③嘶叫和哀嚎让它揪心

④它立刻飞扑过去与之对打争斗　　　　⑤斗完之后，拂袖而去……

⑥无奈，这只鸬鹚离家出走后另寻新欢。　⑦筑窝建立家庭，开始新的生活。

真是天外有天，山外有山，一处更比一处好！

这就是卡尔库斯岛，它是马尔维纳斯群岛的一个缩影。

偏远、闭塞、原始，保留了大自然的本来面目；纯净、幽雅、安逸，再一次验证了这里是"人间天堂"……

温馨提示 | kindly reminder

马尔维纳斯群岛（福克兰群岛）属于亚南极，是一个非常美丽的地方，被称为世外桃源，现已对外开放。许多去南极的游船要绕行马尔维纳斯群岛，比如南极 22 天行程就包含在内。也可以单体去，自助行，去的路线一是从乌斯怀亚乘船，不过只有乘阿根廷国家之外的航船才可以去，还可从智利乘船前往；再是从伦敦乘飞机直达。每到夏季，外来观光客人非常多。马尔维纳斯群岛保留了原始状态，没有被人类破坏，是观看信天翁、鸬鹚鸟和麦哲伦企鹅及冠企鹅的极佳之地。

CHAPTER 3

南乔治亚岛：珍贵的历史遗迹

"这个孤独的岛屿，生来便被永恒的寒冷所覆盖，从来不曾感受到一丝阳光的温暖。这里恐怖与野蛮的景象，我实在无法用词语来描述……"这是当年库克船长来到南乔治亚岛时说的一席话，惊叹这里杀气腾腾的屠鲸惨景！

由于对鲸鱼的残杀，留下了今天南极区域最早最大的旧捕鲸场、最大的教堂、最大的猎鲸博物馆、最大的陵墓群！昔日南极许多捕鲸者、探险家在这里长眠……

南乔治亚岛的名气，就来自这些众多珍贵的历史遗迹……

佛图纳湾王企鹅的世界

无尽的西风带，无垠的海平面，无际的碧长空。

"前进"号探险船从马尔维纳斯群岛起航后，在大西洋里昼夜航行。当驶过1300多公里后，我们的目光中出现一处神奇的岛屿：高山、冰河和深绿色的草地。尤其令人惊叹的是岛与海的结合部，那里矗立着壮观的雪山，还有诸多的海湾、峡江和峡湾，那就是南极边缘的南乔治亚岛。更让人惊讶的是，这样低纬度的岛屿，除冰山和半壁雪山外，皆是满目青葱。

南乔治亚岛（South Georgia Island）处在南纬54° 00′ 至54° 22′，西经36° 00′ 至38° 00′，呈西北、东南走向。岛长160公里，宽32公里，面积为3576平方公里。

南乔治亚岛的发现要追溯到1775年，英国探险家库克船长登陆，并宣布主权，表明在距南极大陆最近的地方还有一个大岛，称之为南乔治亚岛，隶属福克兰群岛即马尔维纳斯群岛管辖。然而，阿根廷坚决否认，1927年和1948年提出主权要求。1955年，英国将主权纠纷提交国际法庭，但没能解决。1982年的英阿马岛之战，南乔治亚岛也被卷了进去，英军将岛上的阿军驱赶，如今固守这片纯净岛屿的是英国人。

"前进"号探险船的航行速度慢下来，南乔治亚岛渐渐清晰。那里向阳一面的山体，在光照作用下裸露出岩石和绿色的植物，而阴面山坡则是白雪皑皑。这是一个冰冷的世界，却又有绿色的铺垫，充满着神奇、神秘之感。

上午8点钟，我们乘坐的航船靠近南乔治亚岛的佛图纳湾（Fortuna Bug），又名幸运湾，坐标为南纬54° 05′，西经37° 11′。

当我们换乘冲锋舟驶向彼岸时，大家的心情一下子激动起来：这可是真正登陆南极啊！两天前寻访马尔维纳斯群岛，虽然有南极的气息和味道，但那是亚南极，毕竟不是真正的南极洲啊！尽管马尔维纳斯群岛上有许许多多与南极洲相同的鸟类、动物和植物，但它是南极洲之外的世界。

南乔治亚岛，为南极洲系列；南乔治亚岛是南极的范畴。

冲锋舟飞快地在海湾穿行，陪同前行的探险队长史谛芬·比尔萨克还是地质学家，他向大家解释南极洲的含义。

南极洲包括南极大陆、南极半岛和它周围众多的岛屿，主要的岛屿有南乔治亚岛、南奥克尼群岛、南设得兰群岛、布韦岛、阿德莱德岛、亚历山大岛、彼德一世岛、爱德华王子群岛、南桑威奇群岛等，总面积约为1400多万平方公里。其中大陆面积为1239万平方公里，岛屿面积7.6万平方公里，另有158.2万平方公里冰架。南极洲占地球总面积的十分之一，是中国面积的1.5倍。至于南乔治亚岛，应该是南极洲的一部分，是南极洲的边缘地带，或者说是南极洲的前沿及亚南极。

介绍完这些，史谛芬·比尔萨克又补充了几句：南极洲、南极大陆和南极不是一个概念，南极大陆不包括周边的岛屿。南极洲的定论就严格了，就像解释亚洲、欧洲等地球其他洲一样。南极是泛指，一般把南纬60°以南地区称为南极，它又是对南大洋及其岛屿和南极大陆的总称，总面积6500万平方公里。

没想到南极之行了解到这么多地理知识。

登陆了！当我们第一脚踏上海岸，心中油然而生一种新奇感，顿感天格外高远、地格外宽、空气格外清新！当然，这是一种感觉！是一种心情！更是一种幻觉！而目光中的青山碧水，不能不让你折服。山脚下长满齐腰深的青草，山前平原是绿茸茸的草地，一曲弯弯的溪水伸向远方。

这就是南乔治亚岛，这就是南乔治亚岛的佛图纳，我们脚下踩着的就是南极。据工作人员介绍，南极大陆只有两种原生的微管植物，这里就有

▲ 众企鹅一起穿过小河

▲ 随后又有两只企鹅加入队伍，齐
头并进，王者气魄，王者风范。

▲ 三只王企鹅引路

26种。它还是野生动物的天堂，有海豹、象海豹、磷虾、企鹅、鲸鱼、信天翁、贼鸥等，不仅种类多，数量也非常之大。其中，王企鹅的数量在整个南极洲来说，位居第一。

刚听完介绍，只见三只王企鹅从海水里钻出来，嘴里叼着磷虾，正大摇大摆地沿着小溪的河岸走去。它们看上去那样自信，那样可爱，又那样友善。

这时鸟类专家曼纽·马瑞向我们介绍了企鹅的情况："南极共有七种企鹅，它们是帝企鹅、阿德利企鹅、金图企鹅（又称巴布亚企鹅）、帽带企鹅（又称南极企鹅）、王企鹅（又称国王企鹅）、喜石企鹅和浮华企鹅。前4种在南极大陆繁殖，后3种在亚南极的岛上繁衍。除此之外，还有麦哲伦企鹅和冠企鹅。体型最大的企鹅为帝企鹅，身高1.2米，体重50公斤。其次是王企鹅，它和帝企鹅外形非常相似。目前，整个南极地

跟着三只王企鹅寻找企鹅队伍

区共有 1.2 亿只企鹅，其中数量最多的为阿德利企鹅，达 5000 万只，其次是帽带企鹅，为 300 万只，最少的是帝企鹅，有 60 万只左右。这些企鹅生活在海里和陆地上的时间各占一半，主要以磷虾为食，相当于鲸鱼食量的一半。企鹅喜欢群栖，一群有上千、上万只，最多的达 20 万只。它们或在冰架，或在冰山，或在浮冰，或在陆地上。

我们紧跟在三只王企鹅的后面前行。当然，要保持 5 米的距离。而王企鹅一点也不介意，你走你的，我走我的，互不干扰。王企鹅一点都不怕人，有时，它甚至有意靠近你，主动走到你的身边，示意友好。

在企鹅栖居地，我们还看到"未婚"企鹅或者说没"成家"的企鹅，它们在暧昧、缠绵，搞"三角恋爱"。有的在水中表演，还有恋爱中的企鹅步调一致秀恩爱……

①三只掉队的王企鹅产生想法　　②"咱们排成一队向前走。"
③雄性择偶二挑一　　④"别走，我同样爱你，决不放弃。"

王企鹅是所有企鹅种类中最漂亮的一种。我们蹲下来细细观察：脖下胸前呈橘红色，而且色彩特别绚亮、艳丽，双耳后面同样是橘红色，但稍深一些，长嘴硬壳也为橘红。黑白之中的橘红色，将王企鹅点缀得明艳异常，分外迷人。

我们又奋力追上了那三只王企鹅，同行。走出三公里之后，翻过一个小山岗，骤然，我们呆立在那儿，被眼前的场景震撼了！浩浩荡荡，密密麻麻的王企鹅展现在眼帘中，千千万万，大片大片，真是"人"山"人"海！那场景，那气势，那样壮阔，让人叫绝！就看这一眼，就看这一幕，就看这一下，到南极，不虚此行，足矣！太壮观了！

▲ 群集的王企鹅

▲ 走着走着，突然，我们看到南乔治亚岛上成千上万的王企鹅。

鸟类专家曼纽·马瑞说："在南乔治亚岛，每个山谷里都有上万只王企鹅。"

　　在成千上万的王企鹅中，我们还看到一些褐色的企鹅，那也是王企鹅，不过正在脱毛、换毛。

　　此时，我们猛然想到了刚才的那三只王企鹅。经过目光的迅速搜索、扫描，锁定住了目标，那三只王企鹅正在向大部队靠拢！一步一步、一脚一脚，插入到王企鹅群中，消失了……

　　我们纳闷：这是怎么回事呢？它们是掉队了？还是去寻找自己的亲"人"了？

　　这时，曼纽·马瑞回答了我们的问题。

原来，企鹅是"一夫一妻"制，即便失掉一方，也终身不娶不嫁，非常忠诚，特别是在抚育"子女"上，非常投入。一般情况下，雄企鹅守家，始终不渝地坚守着岗位，不管狂风暴雪，寸步不离，保护身下的小企鹅免

▲ 恋爱中的企鹅，步调一致秀恩爱。

遭贼鸥的袭击。而为什么雌企鹅不守家护窝呢？因为雄性力气大，护卫能力强，敢于与贼鸥搏斗。其实，雌企鹅也很辛苦，它的主要任务是捕食磷虾，用来"养家糊口"。雌企鹅要到三四公里外的海里去捕食，长途跋涉，道路坎坷。

但雄、雌企鹅分工也并非那样始终如一。有时也采取轮换制，雌者守家，雄者采食。但目标相同，为了下一代。

对于人类来说，"可怜天下父母心"，而对于企鹅来说，何尝不是如此？看到企鹅，想到人类，大家都应该怀有一颗感恩之心啊！

返程的小路上，我们看到很多三三两两的雌性王企鹅，有的正在去海边捕食的路上，有的已经回来，去去来来持续不断。心里想：动物尚此，人更应该如此！

生活在地球上的一切动物，都在寻找生活空间……

爱惜生命吧！繁衍、生长，让地球更有生命力……

珍爱伴侣吧！让生活更加美好、精彩……

重走沙克尔顿之路

甲板上，大家在锻炼："我们要爬山了！"

大厅里，人们在议论："我们要长征了！"

通道里，有人摩拳擦掌："决不能错过这次行走攀登的机会！"

在"前进"号探险船上，大家都在关注下一个行程：重走沙克尔顿之路！

南乔治亚岛除了丰厚的动植物资源外，还有一个最大的亮点，著名探险家沙克尔顿（Shackleton）曾在此横穿该岛，为世人留下了难以忘怀

▲ 沙克尔顿英姿焕发

的足迹。在南极，只要提到探险家，都会想到沙克尔顿；而只要提到沙克尔顿，几乎人人都会讲述他在南极留下的动人故事。沙克尔顿的名字常常和南极联系在一起，甚至有人说：沙克尔顿是南极的符号。

那是1914年，沙克尔顿率探险队横越南极大陆，途中不幸遇险。在大海中，沙克尔顿漂流了将近两个年头，不知经历了多少次生生死死，1915年5月18日，从象岛漂流到南乔治亚岛西海岸的沙克尔顿终于登陆。当翻山越岭艰难走到岛的东海岸——挪威捕鲸站时，沙克尔顿已耗尽最后一丝气力……

为了纪念这位伟大的探险家，我们将重新沿着他走过的足迹，跋涉他跋涉过的路途，重温他悲壮的故事。

按照行程安排，重走当年沙克尔顿路，大概需要4个小时的时间。这里是南极，气候变化异常，路途中发生意外非同小可。特别是如果体力坚持不下来，又不能走回头路，那将危及生命。为此，现场测试体力是检验身体的最好方法。测试方法是爬楼梯：全船分成7个小组，所有人员从轮船的一层爬楼梯到七层，连续走两个来回。如果在4分钟之内爬完，身体就算合格；反之，被淘汰。当工作人员发出开爬的号令后，人们争抢奋勇爬高，有的走不到一个来回就被罚下，有的只上到五层就上气不接下气，还有的最后只差一个台阶就合格，失去这次重走沙克尔顿路的机会。

很幸运，中国团除一人因脚有伤外，全部过关。而我这个常年伏案爬格子的文字工作者，以3分20秒的成绩名列前茅，分管测试的探险队副队长伊娜·诺维妮女士还特意竖起大拇指，给予鼓励和赞扬。

上午10点钟，我们在南乔治亚岛西海岸当年沙克尔顿的登陆点集结，举行了一个简短的穿越仪式。总指挥、探险队长史谛芬·比尔萨克讲话说：
"我们把历史倒退到90多年前，这个地点发生了一个世人瞩目的壮举，探险家沙克尔顿就从这里开始登陆，横穿南乔治亚岛，成为南极史上最伟大的一次失败！然而，他的行动永远留在人们的心目中，它的足迹成为人们尝试成功的线路！女士们！先生们！登山开始！大家跟我一起爬，重走沙克尔顿之路！在南极留下力量！"

话音刚落，探险队长一个箭步蹿上山石，后面紧跟着一长串重走沙克尔顿之路的追随者……

山路拉长了！画面拓展了！峭壁出现了！一会儿，路上的石子被踩得沙沙作响；一会儿，脚下的积雪被碾压成雪饼；一会儿，山风呼啸；一会儿，雪花飞舞。路，在延伸！一段段沟谷，一截截险坡，一处处泥潭。这，就是沙克尔顿走过的路！这，就是沙克尔顿跋涉过的路途！险峻，却感到满足；困苦，但意义非凡。人们的情绪高涨，试想：再险、再苦、再累，能比得上当年的沙克尔顿吗？他是在何等艰苦的环境中走出去的呀！

沙克尔顿是英国人。1914年初，他在英国《泰晤士报》发表了一条奔赴南极探险的信息，之后带领28名探险队员乘"坚韧"号探险船奔向南极，开始了这次极不平常的远行。他的目的很明确：徒步横穿南极大陆！沙克尔顿和他的队员们经过南乔治亚岛驶进维德尔海，后来顶着狂风巨浪行驶2000多公里，准备从南极大陆东海岸登陆，再徒步穿越。谁知，当将要接近登陆点时，气温急剧下降，冻结了海水，浮冰包围了"坚韧"号

探险船，阻止了前进的方向。在万般无奈的情况下，航船只有随冰漂流，这一漂流就是一年有半。他们先后漂流到坡雷岛、象岛，生命悬于一线。在极端困苦的情况下，沙克尔顿带着少数几个人从南设得兰群岛的象岛乘一叶小舟划行 16 天来到南乔治亚岛西海岸。因为他知道，南乔治亚岛东海岸有个捕鲸站，那里只要有人他们就有可能被救，这就是当年沙克尔顿来南乔治亚岛的目的所在。当年沙克尔顿何尝不清楚：从南乔治亚岛的西海岸穿越到东海岸，这是意志的较量！

两个小时过去了，我们开始野餐。在南乔治亚岛，在南极洲，来一顿野餐应该是最有意义的纪念，也应该是终生最难忘的一次午饭，尽管是在冰天雪地，尽管是在山梁风口，这可是南极啊！这可是在沙克尔顿走过的半路上啊！大家席地而坐，拿出事先发放的饼干和矿泉水，开餐了！只有这时，才能静下心来，慢慢欣赏南极的风光：雪山、蓝天、白云。大自然是这样的美好！只有停息下来，才能调整呼吸，细细着眼微观的特写：苔藓、小草、地衣。

在大家进餐的空隙，探险队副队长拿出饼干，讲起"沙克尔顿一块饼干"的故事，她说："沙克尔顿和他的探险队员们，因为没能登上南极大陆，返回的途中弹尽粮绝，大家一天只能分到两块饼干，以此维持生命。这一天，队员槐尔德饿得一早就把饼干吞下，而到了中午，没有食物的他饿得躺倒了，只有大口大口喝水充饥。这时，沙克尔顿将自己的一块饼干塞给槐尔德。槐尔德备受感动。他没有吃下那块饼干，而是一直保存了下来。回到英国后，他将饼干留给了他的孙子。后来，孙子将这块饼干和爷爷当年写的日记一并交给拍卖行。2000 年，这块饼干以 4935 英镑被拍卖。"

当年，槐尔德的日记是这样写的："除了沙克尔顿之外，世界上任何其他人都不可能完全了解这块饼干代表着怎样的慷慨和关怀。但我深深理解，以上帝的名义，我会永远记住这块饼干。"

听到这里，很多人都特意拿出一块饼干，小心翼翼地用纸包起来，准备带回去，永久保存。因为这是在重走沙克尔顿之路用的饼干，意义非同一般。

饭后，我们继续上路。踏雪，爬山，涉水，经过4个多小时的跋涉，我们终于到达山顶，开始下山。下坡途中，偶见一处瀑布，据悉，当年沙克尔顿曾在此饮进泉水，以解疲劳。为此，我们也纷纷捧起泉水，喝下去，做个留念吧！

瀑布飞泻而下，汇成一条河流，再前行就是一马平川。走出大山，大家长出了一口气，放松了许多。脚下不再是山路弯弯，而是软软厚厚的草甸。溪水旁，河岸边，出现了王企鹅、海豹和信天翁的身影。

水草、动物、飞鸟，突然间的生机盎然，令大家顿时活跃起来，还有的放声歌唱。这里，是当年沙克尔顿出山之路，也是沙克尔顿之路的终点。这个地方名叫司托门港（Stromness），

▲ 冲刺山巅

▲ 爬至山顶静下心来听故事

▲ 山泉瀑布

▼ 迎接我们的航船早已停在峡湾

坐标为南纬54°09′，西经36°43′。

走完沙克尔顿之路，顿感：这不仅仅是体力的较量，更是意志的考验！

这时，人们才下意识地开始四处张望，寻找当年沙克尔顿被救的那个捕鲸站。一直走到海边，才发现右边远处那个捕鲸站，虽然已经历了上百年的风霜，但它还依然存在。红色的墙体，圆圆的柱子，黑黑的厂房，依稀可见。捕鲸站的前方，立有一个红牌匾，上面记述着过去的历史……

这个废弃的捕鲸站，是南乔治亚岛最典型的历史遗迹。竭泽而渔，急功近利，过度索取，造成这里无鲸可捕，只有废弃。如今留下的遗迹作为历史教训吧！

▲ 斑驳的旧捕鲸站，见证了当年的残酷捕杀。

▲ 竖立的红牌子上写着捕鲸站的历史

▼ 终于走出大山

大雾降临，旧的捕鲸站慢慢隐退在黑暗之中，模糊起来，而沙克尔顿之路，似乎在慢慢缩短，渐渐隐含在雾气之中……

沙克尔顿去世后，被埋葬在南乔治亚岛，长眠南极，他将永远守候着他所踏行的足迹……

当站在沙克尔顿墓碑前瞻仰这位探险英雄时，重新回味重走沙克尔顿之路的艰辛，这才真正感受到"意志"的可贵！

沙克尔顿墓为南北方向，头朝南，脚朝北，意在永远向着南极。石碑非常简单，2米多高，半米多宽，20多厘米厚。石碑没有磨光石面，没有精细的雕塑，上端仅雕刻着像太阳光一样放射的角星。

▲ 沙克尔顿墓碑上刻着他的生卒年月

碑文刻着他生前的一句名言：我相信，人的一生，要竭尽全力去获得生命最好的奖赏。

沙克尔顿是英国乃至世界著名的探险英雄，但他不是成功者，而是失败者，因为他每次探险都以失败而告终。但这种失败是伟大的失败！是卓越的失败！是最成功的失败！被世人所崇拜的顽强精神，顽强意志——

1901年他去征服南极点，失败了！

1907年他又去穿越南极点，失败了！

1914年他再次去寻访南极点，又失败了！

……

生前他曾9次探险南极，一一失败。但，沙克尔顿并没有因此而灰心，因此而止步，而是更增强了探险南极的信念！

　　沙克尔顿这位失败的英雄，反而成了人们心目中的偶像。当您翻开沙克尔顿的《冰海求生记》，您会一口气读完，您会激动，您会流泪，您会震撼！

　　凡是来到南乔治亚岛的人，都会去瞻仰沙克尔顿这位失败的英雄，为他的英勇事迹所感染，所佩服，所敬仰……

　　在沙克尔顿墓碑前，我们看到有人祈祷、鞠躬、敬礼；有人放上啤酒、面包、苹果，缅怀壮士……

　　探险南极的英雄何止一个沙克尔顿？

　　了解南极，研究南极，征服南极，许多探险家为之付出了巨大的心血乃至生命的代价。在沙克尔顿的墓地旁，还有 60 多名探险者永远长眠在这里……

　　位于南乔治亚岛山坡上的这一墓群占地一公顷，我们默默读着一排排墓前的碑文，了解遇难者的事迹……

　　离开墓地，心情十分沉重，加之寒冷的气候，心脏好似置于冰点，有些木然。

　　去了的人安息吧！活着的人要有一种精神、意志和追求，这样生命才有意义。

　　沙克尔顿，就是榜样！

　　安息吧！沙克尔顿！

格里特威肯湾看鲸

"鲸鱼！鲸鱼！"有人在惊叫！

"快来看鲸！快来看鲸！"有人在狂喊！

骤然，甲板上聚满了人，人们赶忙拍照、录像，"咔嚓""咔嚓"的快门声连成一片……

这是在去往坐标为南纬54°15′、西经36°45′的格里特威肯海湾时看到的场景，谁也没料到在这片海面上能观赏到两头冒着水花、翻着浪波的巨鲸。时而鲸背浮出水面，时而鲸尾倒立，时而鲸头昂首挺立。当鲸头昂起时，两腮流出很多海水。生物学家菲德里克·布鲁尼介绍："这是鲸鱼在吃磷虾。鲸的食物除海豹、企鹅之外，主要是磷虾。鲸鱼的口腔有很好的滤食功能，吃磷虾时，口腔的容积达5立方米。当鲸鱼张开大口时，

▼ 虎鲸昂头

▼ 鲸尾高翘

▼ 鲸背出水

大量磷虾和海水一齐涌入，然后把海水从唇腮须缝中挤出，再将滤后的磷虾一口吞下。鲸的胃口很大，一头蓝鲸一天能吃 10 吨磷虾。"

看到鲸吃磷虾的场景，人们紧按照相机、摄像机快门，快速扫射，拍下这激动人心的时刻。这是我们走进南极后第一次见到鲸，怎能不兴奋呢？随着人类的捕杀，目前鲸鱼越来越少，有的人去南极甚至一次见鲸的机会都没有。所以，船上的人们都走到甲板上，观赏鲸鱼的行踪。

菲德里克·布鲁尼指着海中的鲸鱼对我们说："我最激动的时刻是见到鲸鱼，每次见到都是兴奋不已。鲸鱼太可爱了！但它正濒临灭亡。由于捕杀，鲸对人也非常敏感，所以见到鲸不要大喊大叫，否则，惊动它，或许会惹来麻烦，只要它一甩尾巴就有可能将船掀翻。"

说到鲸的捕杀，菲德里克·布鲁尼把话题一转："全球早已下达禁捕令，而日本人还在捕杀，置若罔闻。"

听了这番话，人们突然对这美丽的南乔治亚岛，多了一份忧虑……

菲德里克·布鲁尼专门给大家上了一堂鲸鱼课，介绍了鲸鱼的情况。鲸鱼是地球上最大的动物，甚至比恐龙还大，被称为世界上的"巨无霸"。南极鲸资源有限，都是很珍贵的物种，有蓝鲸、长须鲸、座头鲸、抹香鲸、虎鲸等。最大的鲸有蓝鲸、鳍鲸、抹香鲸。蓝鲸体长达 30 米，体重 180 吨。最凶猛的鲸是抹香鲸，非常恐怖，经常发生抹香鲸与人的血战。这主要出现在人们捕杀鲸的情况下，抹香鲸奋力反抗，曾有上百艘捕鲸船被鲸撞翻、击沉，数百名捕鲸者被鲸吞食。抹香鲸体长 20 多米，体重 70 多吨。它只要见到捕鲸船就大发雷霆，全身直立跳出水面，与捕鲸者搏斗，将捕鲸船击碎，吞食掉落水者。

菲德里克·布鲁尼接着说："不过这是过去，现在捕鲸手段高了，再凶狠的鲸也斗不过捕鲸者。捕鲸者对鲸的捕杀一直没有间断，捕杀高潮时，每年有 5 万多头鲸死在捕杀者的刀枪之下。当《国际海洋生物资源保护公约》发布禁捕令后，仍有个别国家我行我素，特别是日本。1972 年联合国人类环境大会再次发出禁捕令，却遭到日本的反对，理由是：日本人有食用鲸肉的嗜好。直至目前，日本的捕鲸船仍活跃在南极海域，尽管澳大利亚、新西兰、智利、阿根廷的巡航执法船百般阻止，但日本人一直抗拒，并拒绝执行禁捕令。"

菲德里克·布鲁尼是德国人，毕业于德国波鸿大学，生物专业。她在南极地区工作20多年，从2004年起在"前进"号上当讲师。她深深地爱着南极的海豹、信天翁和鲸鱼，这也是她执着地去南极的巨大动力。

这时，船上广播：准备登陆格里特威肯。

▼ 登陆格里特威肯湾

格里特威肯是南乔治亚岛一个海湾，多峡江造就了多峡湾，自人类登岛后，这里命名了金港湾、圣安德鲁斯湾、嘎德萨尔湾、爱尔丝浩湾、露脊鲸湾、佛特娜湾等。其中格里特威肯湾名气最大，它是整个南乔治亚岛唯一有人驻守的地方，如果叩问南乔治亚岛的"首府"，理所应当是格里特威肯了，尽管这里其实没有多少人。

我们在南乔治亚岛格里特威肯海湾登陆后，首先看到的是规模庞大的

▲ 列队参观这片南极水域所建的第一个捕鲸厂

旧捕鲸厂和鲸加工基地，这是南极最早建的捕鲸厂，始于1904年。沿着海湾的岸边，依次还建有陵园、废弃电站、旧储油罐、旧捕鲸厂、鲸加工基地、废弃捕鲸船、古教堂等，这些都是很珍贵的历史遗迹。

除此之外，这里还有博物馆、商店、渔业研究站、邮局和英国办公机构等。

这个地方以海湾"格里特威肯"命名，号称"南乔治亚岛的总部"，"格里特威肯"也因此在南极出了名。

漫步在废弃的捕鲸厂和鲸加工基地，可以看到当中留下的大量的鲸骨，

▼ 废弃的捕鲸船

头骨、脊骨、肋骨、尾骨等一片连着一片，满眼皆是，触目惊心。可想而知，曾有多少鲸鱼在这里被残杀！厂房有分割间、熏蒸间、宰割间、清洗间，一排挨着一排；输送塔、传送带、吊车链，依然存留；圆形罐、方形炉、柱体筒，历历在目；滚动机、切割机、搅动机，一台连着一台。透过这些机器、设备，仿佛看到血迹斑斑的鲸鱼正在被切割，流血，挣扎，反抗；仿佛听到了鲸鱼的惨叫声，呼唤声，求救声……

▲ 鲸肉脱水搅拌机

▲ 卷扬机及输送带

此刻，心情沉重得不能呼吸……

这个旧捕鲸厂和鲸加工基地是欧洲人卡·安通·拉尔森于1904年所建，是南极水域所建的第一个捕鲸场所。自此之后，多家捕鲸厂依次建起，大量鲸鱼遭到捕杀。鲸鱼被猎杀经简单加工后，运走销售。

捕鲸者难道没有想到它将濒临灭绝吗？

鲸是受保护动物，是稀有动物，它对全世界的价值是无法估量的，特别是它特有的一些能力，具有很大很深的研究价值，比如鲸的听力，可以达到上千里之外！

人们终于醒悟了！国际下达了禁捕鲸鱼令。在南极所设的捕鲸厂、鲸站、捕鲸场地、鲸业加工基地等都已废弃。保护鲸鱼，爱护鲸鱼，势在必行。为此

▲ 鲸鱼头骨　　　　　　　　▲ 格里特威肯鲸鱼博物馆前的沉思
　　　　　　　　　　　　　　　（身旁是鲸鱼的条条肋骨）

多国在废弃的捕鲸场地开设了博物馆，警示后人：不要再捕杀鲸鱼了！

　　格里特威肯博物馆，详细记录了昔日捕杀、加工鲸鱼的全过程和场面，还展出了捕杀的用具，有实物、照片、录像、文字。当看到血渍斑斑的照片时，有人掩目，不愿看到那极其残忍的画面。墙上还展出了用日文书写的表格，记述每天捕杀的数量。博物馆的工作人员介绍："那张表格确确实实是日

①展室墙上挂着日本人在"捕获簿"板上书写的捕鲸日期和数量
②当年瞄准射杀鲸鱼的工具　　　　　③揭开鲸皮
④鲸鱼被开膛破肚

本人所填写，我们一直保留了下来。日本人有捕鲸的习惯，直到今天，日本的捕鲸船还在南极频繁活动，将捕杀到的鲸鱼运回本国加工，偌大的南极，谁能奈何得了他们？尽管遭到全世界的反对，但他们拒不放下捕杀鲸鱼的屠刀！比如1972年的联合国大会，100多个国家通过决议呼吁禁捕，但遭到日本的坚决反对。"

博物馆人员介绍说："一个国家，一个民族，总应该有尊严！捕杀鲸鱼也是一样，如若遭到多国乃至上百个国家的反对，应该反省！这对全世界都有好处！何况鲸鱼正在走向灭绝……"

那么，猎杀者甘愿当刽子手吗？

原来，为了忏悔自己的所作所为，捕鲸者专门在这里建了一座教堂。我们走进这所白色的、具有欧洲风格的教堂，看到里面有一排排黄色的桌椅板凳。试想，当年鲸鱼捕杀者在这里做礼拜，更清楚、更明白自己的所作所为。为此，这些沾满鲸血的屠夫们在教堂里，忏悔、忏悔、再忏悔，希望得到上帝的宽恕……

在格里特威肯湾，还设有一个邮局，现在依然运转。我们排成长队，挤在邮局的这间窄小的房屋中，寄出一封封信和一张张明信片，证明我们来到了南乔治亚岛。你可以想象这封信要辗转多少路途才能寄到中国，但正是这样久长的时间，才格外显示出其意义和价值。

英国的南极科考站也建在这里。英国的这一研究机构在众多国家科考站中是建站较早的，他们不间断地把各种信息发布出去，让世界了解南极，让南极走向世界。

英国的办公机构设在格里特威肯湾最南侧，共有两排房屋。房顶上高高飘扬着英国国旗。驻地人员都是公务员待遇，守护着这一海湾。每当人们到来，他们马上分散到各个点位，既当解说员，又当售货员，还当服务员。他们都是年轻人，当接受采访时，更多的话语是孤独、郁闷，都企盼着早日轮岗，回到自己的家园。

圣诞树·烛光颂·平安夜

时间：12月24日。

地点：南乔治亚教堂。

这是一个阳光灿烂的日子，这是一个碧空如光的日子。在南极旅途中，在圣诞节到来之际，"前进"号探险船船长带领大家举行了一场别开生面、异乎寻常的庆祝活动。

"前进"号探险船上的人们陆续走向南乔治亚教堂。

教堂坐落在雪山脚下，一条脉脉流水的小溪从门前穿过，四周是青翠的小草，鲜艳的野花。美丽漂亮的王企鹅三五成群，或在溪流中戏水，或在草甸上嬉戏。一只只海豹昂头蹲立，目光炯炯，目送着每一个行人。叽叽喳喳的小鸟在教堂屋檐下掠过，飞来飞去，好像有意迎接客人的到来。

蓝天，白云，沙滩；雪山，海水，峡湾；草地，野花，溪流；企鹅，飞鸟，海豹……绘成一幅绚丽的风景，为节日的教堂披上盛装。

▲ 走向南乔治亚教堂过圣诞节

▲ 集结教堂

走进教堂，大厅建筑面积足能容纳300人。正前方的十字架、布道台、油画年代久远，木制坐椅早已变回了本色，二楼上系着的铜钟锈色斑斑，一架脚踏风琴退败得失去了模样。这，就是南乔治亚教堂。

在教堂走廊，挂有世界各地教会送来的纪念物，包括中国送来的物品。

▲ 墙壁上悬挂的纪念物品

藏书，是南乔治亚教堂的一宝。在教堂后屋，藏有很多书籍，保护得很好。

教堂里的人渐满，船长来了，大副来了，探险队员来了，船上的服务人员来了，"前进"号上的人们全都

▲ 教堂藏书颇多

来了。

教堂里座无虚席。

静下来后，只见一位 60 多岁的德国妇女自告奋勇，从座位上站起，向大家行了礼后，走到风琴前，为站在最前面临时组成的合唱团伴奏，当她双手摁下琴键，《祝你圣诞快乐》的歌声随即在教堂里回响：

> 我们祝你圣诞快乐！
>
> 祝你新年快乐！
>
> 我们带来佳音，
>
> 给你和你的亲友，
>
> 我们祝你圣诞快乐！
>
> 祝你新年快乐！

婉转的歌声，悠扬的琴曲，飞扬在南乔治亚岛，荡漾在南极上空……

随后，儒讷·安德瑞森船长走向前台，发表圣诞祝词，他高声道："这是一个非常难忘的日子，这是一个非常有意义的时刻。五洲四海的女士们，先生们！我们能够聚在一起，在这个特殊的地带——南极，同企鹅、海豹、鲸鱼共舞，拥抱冰山、雪峰、浮冰歌唱，这是多么美好啊！人生此景有几何？歌唱吧！祝大家圣诞快乐！圣诞快乐！"

船长话音刚落，琴键下又响起《圣诞树之歌》，全场的人都站了起来，合唱声响彻教堂：

> 噢！圣诞树，
>
> 枝叶多翠绿。
>
> 噢！圣诞树，
>
> 夏季很美丽，冬日更迷人。
>
> 噢！圣诞树，噢！圣诞节，
>
> 你带来多少欢乐！

一年又一年，

圣诞树，带来多少幸福和欢乐。

噢！圣诞树，噢！圣诞节，

烛光多明耀！

点点光芒汇聚，

微物披光彩！

紧接着，又一曲优美动听的《烛光颂》唱响：

烛光啊，烛光，

圣诞节把您点亮。

照亮雪山，雪地，雪野，

也把我们心儿照亮……

歌声，琴声，欢呼声，又一次在南极上空扬起，荡漾……

平安夜，是西方人特别是欧洲人最富有诗意的浪漫时节。"前进"号探险船上大多是欧洲人，从每个人的笑脸上都可以看到喜庆的色彩。

从南乔治亚教堂返回船舱，"前进"号开始起航，向着下一站南奥克尼群岛进发！

在船上，人们都兴奋地行动起来，为平安夜做着准备：有的人剪圣诞花球，有的人折叠圣诞礼帽，有的人编织圣诞彩绸……

而更多的人在一起堆扎圣诞树、圣诞屋、圣诞老人……

大家都在准备度过一个不眠的平安之夜……

晚饭，在圣诞的气氛中进行着。餐厅里摆放着用蔬菜雕刻的圣诞树，用奶油制作的圣诞糕点，用香肠烤肉做成的圣诞雪橇……

晚上9点整，平安夜大派对拉开帷幕。七层大厅挤满了人，聆听各国友人自发演唱的节目和船上工作人员自编的小调儿。有肚皮舞、探戈舞、爵士乐；有独唱、独奏、独舞。当瑞典与芬兰两国游客的合唱《铃儿响叮当》

▲ 展示冰雕的企鹅

响起时，晚会迎来高潮，人们都自发地站起来同声高歌：

叮叮当，叮叮当，铃儿响叮当，

我们今晚滑雪真快乐，把滑雪歌儿唱。

啊冲破大风雪，我们坐在雪橇上，

快奔驰过田野，我们欢笑又歌唱，

马儿铃声响叮当，令人精神多欢畅……

这时，节目主持人点到了CHINA中国。出个什么节目呢？这时，来自北京的杨金辉灵机一动：组织包括台湾、香港在内的所有中国人大合唱，这一建议立刻得到响应。于是，千里之外的炎黄子孙携手，合唱了《在那遥远的地方》《阿里山的姑娘》《七子之歌》，得到现场热烈的掌声，来自新加坡的庄秀琼女士高度评价："中国人唱得好！"

此刻，时钟指向23点50分。大厅里的人们都站了起来，又一次伴随着钢琴声合唱起《祝你圣诞快乐》。大家纷纷扭动起来！舞动起来！欢呼起来！

▲ 中国大陆及中国台湾、中国香港游客同台演出

这时，船长走上台，看着表针，倒计时高喊：5、4、3、2、1……

"铛、铛、铛！"午夜的铃声敲响了！

骤然，大家互相拥抱，互相亲吻，互相祝贺！

歌声、笑声、舞步声，交织在一起……

平安夜，难忘在南极……

▼ 尽情欢歌庆圣诞

▲ 今夜无眠

　　南乔治亚岛是南极旅行的一个热点。有些人只为观赏宏伟壮观、美丽动人的王企鹅群，不惜一切实现一生中的愿望。南乔治亚岛更有众多珍贵的历史遗迹，特别是广为传颂的世界探险家沙克尔顿，在此留下难忘的足迹，令众多旅行者倾倒折服；还有陈列当年日本等国不择手段屠杀鲸鱼的血渍斑斑的宰割现场，触目惊心。南乔治亚岛是鲸鱼观赏地之一，那里有很多游弋的鲸鱼，拍照鲸鱼时千万不能大喊、大叫，否则，它会袭击船只。南乔治亚岛一般包含在南极的行程中，也有专门开设的旅行线路。

冷峻无声，山高路远，默默矗立在"魔鬼海域"之称的威尔海北部。

鲜有问津，少人理睬，静静躺在大西洋的最南端。

这就是默默无闻的南奥克尼群岛。

南奥克尼群岛被深深隐藏在南乔治亚岛背后，山势比不上南乔治亚岛高，名气没有南乔治亚岛大，但这里同样是动物的天堂，海豹的世界……

山不在高，有仙则灵。南奥克尼群岛处在南纬60度以内，虽没有什么名气，但值得称道的是阿根廷的奥卡达斯科考站和英国的锡格尼科考站均建于此，在整个南极资格最老，历史最长，可追溯到一百多年前！这是人类史上在南极建站最早的涉足之地……

奥卡达斯站雪线、臭氧的警示

"前进"号探险船绕过几座悬浮的冰川后，扩音器里不断传来英语提醒："我们的探险船进入南纬60°！南纬60°，请大家到甲板上体味……"

驶入南纬60°海域，表明进入国际最早公认的南极地区。

人们一拥而上，来到甲板。

海，更加宽了！天，越发冷了！意识上，真的进入南极了……

轮船又绕过几座冰川，前边出现一块很大的山地，那应该是南奥克尼群岛。远远看上去，这里要比南乔治亚岛荒凉得多，大都是被冰雪覆盖的山峦，只有少数几处露出裸岩和地衣，依稀可见雪地上的企鹅和海豹。

后经证实，这就是南奥克尼群岛（South Orkney Island），位于南纬60°15′至60°55′，西经43°00′至47°00′，距南乔治亚岛800多公里，离南极半岛600多公里。

去往南极的航船一般不绕道南奥克尼群岛，"前进"号探险船在南极航程中，每年也只有唯一一次前往南奥克尼群岛的机会。对于我们这些造访者来说真是幸运，因为一般航船都是从乌斯怀亚过德雷克海峡直线到南设得兰群岛及南极半岛。从另外一个角度来说，这里比较偏远，登陆也很困难，危险性很大。

"前进"号探险船左右巡视了好几处海域才抛了锚，我们乘冲锋舟登陆南奥克尼群岛的劳里岛。

劳里岛（Laurie Island）坐标为南纬60°50′，西经44°00′。踩着正在消融的积雪，欣赏着冰的世界。这里要比南乔治亚岛寒冷得多，

▲ 抛锚

▲ 登陆南奥克尼群岛的劳里岛

它所保存的原始状态比南乔治亚岛也要好得多。我们一边走，工作人员一边介绍群岛的情况。

南奥克尼群岛由科罗内申岛、锡格尼岛、鲍威尔岛、劳里岛等岛屿组成，总面积620平方公里。其中科罗内申岛为第一大岛，长约40公里，宽约9公里，总面积近450平方公里。1821年12月6日，美国人纳撒内尔·帕尔默捕猎海豹首次到达这里发现了南奥克尼群岛。这一年12月13日，英国人乔治·鲍威尔也到达此地，比美国人晚了一个星期，但鲍威尔到达后立即宣布为英国领土，并将主岛科罗内申岛东边的一个岛命名为鲍威尔岛。

我们在劳里岛上探访，一切感到更加新奇，时空显得那么纯净、清冷，没有任何外界的干扰，真像走在童话世界里。劳里岛是南奥克尼群岛中的第二大岛，长22公里，总面积为50平方公里。1903年，英国苏格兰的布鲁斯·威廉率国家南极考察队来到这里，并在该岛建立了一个简易气象站，用来观察气候变化。1904年2月22日，英国人将该岛连同气象站卖给阿根廷。此后阿根廷对该气象站进行重建，并更名为奥卡达斯科考站，这是人类历史上在南极建立的第一个科考站，成为阿根廷永久性科研基地。

当我们探访有百年历史的阿根廷奥卡达斯科考站时，格外感到它的神秘，这是南极最早的科考站啊！科考站建立在两座雪山之间的一块平地上，共有17人常年在这里驻守，主要任务是观测和研究气象。

▲ 在实地听专家讲气候变暖

化雪汇成涓涓溪流 ▶

　　奥卡达斯站的站长热情地接受了采访，他指着眼前的雪线说："这个雪线原来就在脚底，因为气温升高，导致冰雪融化，现在已退缩出30多米，露出了大片岩体，足以证明全球气候正在变暖。现在全世界人民都在关注气候变化，倘若有朝一日南极冰雪全部消融，将导致整个地球海平面升高，那么世界上很多城市将从地图上抹去，当然也包括中国的很多城市。对于人类来说，还有什么比地球的存在更重要的呢？"

　　我们走进站里的气象台参观，站长指着测量仪说："南极是地球大气环流的策源地，不仅对全球气候变化有影响，而且在地球其他地区600万年前已灭绝的生物遗迹，在南极可能看到，这些发现可能会帮助我们解开地球生命起源之谜。"

　　南极气温变暖是个不争的事实。

　　南极常年冰雪覆盖，不适于人类居住，但它的环境影响着全球和全

▲ 冰雪消融

◀ 科考站装置的雪线测试设施

人类。地球上五湖四海的万千气象都能在南极反映出来，正如"蝴蝶效应"！

其中，大气污染波及到南极，而且从南极很快反映出来。

站长带我们走到室外，仰望天空，指着大气层向我们讲述了南极上空臭氧层空洞的情况，他说："那是在1985年，南极哈雷科考站的科学家在做气象观察时慢慢发现，南极洲上空的臭氧层逐渐变薄，而且越来越明显，这一现象引起科学家的重视。同时，他们还观察、眺望到臭氧层不仅变薄，而且出现空洞。后经详尽研究，取样分析，确定那是臭氧层空洞。"

讲完之后，站长又指着天空大气层中的薄雾状蓝块说："那里应该是臭氧层。"

那么，何为臭氧层呢？

站长介绍："离地面上空20公里的高度，有一层臭氧层，它能吸收太阳光中的紫外线，保护地球上的一切生物或者说所有生命物体，使之免受紫外线的侵害。从化学角度来看，臭氧化学符号为O_3，它是由氧原子O和氧分子O_2结合形成。臭氧有特殊气味，能阻止来自太阳的紫外线。紫外线的杀伤力很强，例如人们利用紫外线消毒、杀菌等等，这足以说明它的杀伤性。"

可见，臭氧层对于地球生物的重要性。

那么，臭氧空洞是怎样形成的呢？

据介绍，这主要来自地球上的污染。这些污染包含人们大量使用的喷雾剂、雾化剂、制冷剂、家具油漆、厨房和卫生间的防臭剂、汽车尾气、工厂排出的有害气体，还有灭火器以及冰箱、空调排放的氟利昂和农业生产中大量使用氮肥排放的氮氧化物等等，这些气体扩散上升到大气层中，造成了对大气臭氧层的破坏。

在科考站旁，大家听得专注入神。站长又把话题转向核爆炸，他说，核试验和核爆炸，对臭氧层的破坏是毁灭性的。核爆炸会把大量氮氧化物送入大气层。如在20世纪60年代的核试验高峰期，北半球上空平流层中的臭氧量减少了30%~70%，南半球减少了40%。人类生命面临着威胁。

▼ 到制高点去观察臭氧空洞

▲ 全副武装，防紫外线。　　　　　　　　　▲ 闭光防晒

　　破坏臭氧层，使之变薄、减少或形成空洞，就不能阻止太阳紫外线。紫外线直接照射到地球上，杀伤力很大。倘若臭氧层全部被破坏，地球上的一切生命将不复存在，人类也将遭到"灭顶之灾"，地球将变成荒漠，没了森林、草原，没有牛马、羊群，没了人间烟火……

　　这绝非耸人听闻！

　　当首次公布发现臭氧空洞后，全世界一片哗然，立刻引起了各国政府和国际社会的重视。联合国通过多项决议，保护臭氧层，还把每年的9月16日定为"国际保护臭氧层日"，呼吁全球每个公民：减少污染，保护环境，刻不容缓！

　　我们走在劳里岛，心情非常沉重，不断听到冰架融化后排山倒海崩裂深陷的巨响，亲眼目睹了冰山倒塌骤然消失的场面。它正在警示、告诫人们：保护地球，保护我们共同的家园吧！地球只有一个……

①承受达到极限　　　　　　②断裂
③裂缝嘶叫　　　　　　　　④冰架开裂
⑤正在塌陷

锡格尼岛蛇吞象现象：鸟吃豹

    行走在锡格尼岛，看吧！这里简直成了海豹的世界。海水里，海滩上，雪山上，陆地上，到处都是海豹。特别是海滩上，躺着密密麻麻一堆堆、一群群、一片片的海豹，令人惊叹！在南乔治亚岛，我们看到的海豹就够多的了，谁知在南奥克尼群岛，同样是大军压境，屯兵百万，绝不输于南乔治亚岛，真让人大饱眼福。

    可见，锡格尼岛是众多海豹的休憩地。

    锡格尼岛（Signy Island）坐标为南纬60°49′，西经46°00′，位于科罗内申岛南边，长6.5公里，宽5公里，面积为19平方公里。岛上建有英国科考站，目前有科考人员12名。

    说到锡格尼岛，还有一段故事。那是100多年前，挪威的猎豹船船员彼特马丁来到这里，看到这么多的海豹，很是兴奋。捕啊捕，他如鱼得水，

登陆锡格尼岛

凶相毕露 ▶

◀ 海豹无际

每天捕获量达200多头。晚上，他激动得不能入睡，心想：这个岛还没有名字，何不用自己爱人"锡格尼"的名字命名为"锡格尼岛"呢？

一传十，十传百。捕豹者听说这里的海豹多，都慕名而来，于是"锡格尼"的名字传出去了。

海豹是南极的常态动物，是世界上分布最靠南的哺乳动物。

海豹不像企鹅那样勤奋，它们总是懒洋洋地躺着，享受温暖日光，仿佛天塌下来也与之无关。海豹不像企鹅一"夫"一"妻"制，而是一"夫"多"妻"，"妻妾"成群。多到什么程度了呢？有考证说可达到二三十头，乃至半百。我们在一个岸边，见到一头雄性海豹伴有46头"爱妻"。

▲ 雄海豹之间为争夺异性而战

探险队员、生物学家菲德里克·布鲁尼介绍，海豹在南极的数量达2000多万头，其中有豹海豹、食蟹海豹、威尔海豹、罗斯海豹、象海豹等。海豹一般身长3米左右，体重400多公斤。它们主要吃磷虾，有的吃企鹅、鱼类、乌贼等。反之，海豹是被鲸鱼吞食的美餐。

大千世界，无奇不有。在锡格尼岛，我们亲眼目睹了"蛇吞象"现象：鸟吃豹。

当我们沿一条溪流前行时，突然发现一只海鸟正在吞吃海豹。这不就是蛇吞象现象吗？因为好奇，我们停下脚步，注目观看：海鸟用长喙直插到海豹的肚子里，然后用力把海豹腹中的肠子叼出来，一口一口吞下，鲜血直流。而海豹呢？拼命摇头，拼命摆尾，挣扎着，喘息着，奋力抗争。但这头庞然大物，却斗不过一只海鸟。这时，许多人围过来观望。而海鸟并不以为然，仍猛烈地攻击着、吞啄着，根本不在意周围的人们，更不在意海豹的反抗。许多照相机、摄像机对准这一场面，抓拍下来。

▲ 面对战败且无反抗能力的海豹，海鸟乘虚而入，嘴啄肚皮。

一刹那，伤口的血腥又引来众多的海鸟，一齐飞来，拥挤地站在海豹的身上，争抢着。瞬间，海豹失去反抗能力，奄奄一息。不一会儿，海豹就被海鸟们吞食得露出了骨头，又是惨不忍睹的一幕……

菲德里克·布鲁尼就在现场，她说："这显然是一头雄海豹，雄海豹之间经常发生争妻角斗，为了霸占更多的雌性豹，雄海豹之间展开了殊死搏斗！很明显，这头败下阵来的雄海豹被击成重伤，为此，海鸟乘虚而入，将筋疲力尽、没有反击能力的战败者吞吃……"

可怜啊！海豹的命运……

世上以弱胜强的现象很多。这时，菲德里克·布鲁尼讲了这样一个故事："非洲的蝙蝠专吃体形庞大的黑驴，每当黑驴吃草时，蝙蝠便飞到黑驴踝部轻轻咬开一个小口慢慢吮吸血液，黑驴开始只有痒痒酥酥的感觉，之后又觉得很舒服。其实，它早已被麻醉。这时，蝙蝠再大胆地吸吮黑驴的血，而且一只跟着一只轮流吸，直到黑驴毫无知觉地颓然倒下……"

其实，海豹和鲸鱼一样，也有一段伤感的历史，他们也曾遭到过毁灭性捕杀……

那是在库克船长时代，自传出在南乔治亚岛和南奥克尼群岛海豹多的消息后，引来多个国家的猎豹手前来捕杀。美国纽约"阿斯齐娅"号捕海豹船一次捕杀 57000 头，而英国等其他国家捕豹的总和比美国多 18 倍，这就意味着有上百万头海豹遭到残杀。

海豹，被捕杀得几乎要灭绝了……

1900 年，美国的"黛西"号猎豹船 5 个月只捕到 170 头海豹，南乔治亚岛的海豹只剩下 100 头……

1910 年，南奥克尼岛竟找不到一头海豹……

1920 年，世界相关组织下了死令，保护海豹。

捕杀海豹都是利益的驱使，比如海豹的脂肪可以提炼药油。

随着世界禁捕海豹令的下达，经过几十年的保护，海豹繁殖数量越来越多，目前仅就南奥克尼群岛来说，海豹的数量至少也有上百万头。

听了菲德里克·布鲁尼的介绍，我们的心情再次沉重起来。

我向菲德里克·布鲁尼提问："你和海豹接触得多吗？"

菲德里克·布鲁尼说："太多了！因为我是搞研究的。"

"那么，你有没有受到过海豹的袭击，或者说惊吓？"我接着提问。

菲德里克·布鲁尼说："有啊！一次，我正在海豹群旁观察，突遇雄海豹之间打斗，我被圈在其中。跑，跑不出来；走，走不出去，周围都是海豹。我被围困一个多小时，非常危险，而且危及到生命安全。这时，从同伴轮船上搬来悬梯，我终于被解救出来……"

在锡格尼岛，我们还看到了海豹和企鹅的争斗……

我们走在锡格尼岛寻访，看到这不仅是动物的天堂，还是稀有植物的

▲ 试探

▲ 进攻

▲ 后撤

世界。这里有许多南极代表性植物：苔藓、藻类、地衣和发草。

我们一边走一边看，在裸露的地面上发现很多奇特的植物，让人难以想象在寒冷的极地还有这么漂亮得让人惊叹的绿色植被！

菲德里克·布鲁尼把我们带到一处乱石滩，指着一片鲜嫩的植物说："苔藓是南极洲最常见的植物，有75种，大多生长在岩石上。藻类共有260种，生长在陆原地面、岩石表面、石缝及溪流旁。地衣和发草的种类更多，分布更广，达360多种，多生长在地表、雪窝、陆地、沙滩，迎风傲雪，顽强地生长着。"

之后，我们又移步来到雪地中的一个雪窝里，欣赏到了一株发草，太美丽、太漂亮了！青翠欲滴，晶莹鲜透。人们只是驻足看着，却不敢用手

▲ 橘红色的苔藓

去碰触、去抚摸它，担心伤害和影响到它的生长。我们看到，在发草底部，雪已经融化，浸透着它的根蔓。它已熬过了漫长的冬夜，正在逐渐复苏，享受着夏天的温暖。难以想象，这样纤细柔嫩的发草是怎样坚忍、顽强地越过严寒、抵过风暴、熬过长夜的？

然而，南极的植物也在遭受着破坏。据菲德里克·布鲁尼讲，自南极开放以来，一些来访者随地吐痰，乱扔垃圾，随意践踏地衣、苔藓，甚至有人私下采摘，破坏了南极植被。

▲ 白色苔藓和绿色地衣

您可知道，南极植物每100年才能长一毫米啊！

100年，一毫米！它们如此艰难地生存下来，这种顽强的生命力，这种挑战极限的精神，不能不让人钦佩、敬仰！

爱护南极的植被吧！每生长一毫米，它们将付出多少艰辛啊……

▲ 海鸟独立映地衣

▲ 橘爪绿苔

▲ 苔藓、丽鸟、碧水

船遇浮冰

海上巡游，航向象岛。

甲板上，人们俯视大海、仰望彩霞、欣赏日出……

瞭望台，大家聆听涛声、追逐飞鸟、享受海风……

阅览室，大家安静地翻看有关象岛的知识……

南极之行，大部分时间都在船上，在大海上巡游。

讲座厅，正在讲解象岛的陨石、天象、极光……

◀ 瞭望眼底无尽风光

▼ 专注欣赏南极美景

105

放映厅，正在放映电影《沙克尔顿》，记录了沙克尔顿在象岛的日日夜夜，探险队伍的征战……

这一天，我们离开南奥克尼群岛，向着南设得兰群岛的象岛方向进发，准备登陆象岛。

为此，演讲厅里席无虚座，人们都在仔细倾听登陆象岛的情况。否则，你不知道将要到达的目的地情况，没有思想准备，来南极就没有多大意义了。对于南极，书上的材料有限，只有科考人员、极地工作者和经常到南极的船员才得以清楚。事先掌握大量素材介绍，加上到现场的观感，对南极才有真正透彻的认识和了解。

象岛是南设得兰群岛东边的一个岛屿，因为它的形状和轮廓似象而得名。但象岛的广为人知，并不在于其名字，而在于它是探险家沙克尔顿遇险之地，因而，这里成为人们争相追寻之地。

天有不测风云。正当讲解员叙述沙克尔顿的精彩片段时，"前进"号探险船突然掉头北上，改道而行，并且加大油门，飞速前进！

船，开始摇动起来，而且越来越厉害……

讲座中断，电影停映！

发生了什么情况？

原来，我们的船只遇到南来的浮冰，这可是危险的信号！

这时，不少人走到甲板上观看，只见海平面上漂浮着密密麻麻的冰块，有大有小，有厚有薄，围绕在我们的船旁。

"这是冰块，又不是冰山，又有何妨呢？"

"'前进'号是破冰船，这都是碎冰，没关系吧。"

"没有杀伤力，为什么紧急离开呢？"

……

轮船上的人们七嘴八舌，议论纷纷。甚至开始弥漫起恐慌的气氛。

这时，船长儒讷·安德瑞森召集大家，讲解了浮冰的危害："这是从

▲ 游动的浮冰知多少

船遇浮冰 ▶

南极方向下来的浮冰，不知道为什么这样快、这样急，应该是气候变化冰雪融化的原因。方才，我们从卫星图上看到大量浮冰，浮冰夹杂着冰山，一起向北推进。最大的面积有 5 万多平方公里，比荷兰和比利时两国的面积还大。浮冰和冰山底下隐含较深，如果我们"前进"号与其相撞，或者被浮冰及冰山包围，是很危险的。所以，我们必须放弃到象岛的计划，安全至上，生命第一！"

这么一讲，我们明白了"前进"号为何左右摇摆以及改变航线。

航船继续北上、飞驰，试与浮冰抢速度，迅速离开危险的浮冰区，特别是要快于北上的大块浮冰体。

由于浮冰的出现，船长借题讲了一些南极浮冰围困船只的情况——

1914 年，英国探险家沙克尔顿乘"坚韧"号船在接近南极之地被浮冰包围，28

▲ 迅速逃离浮冰区

名船员随浮冰漂移 10 个多月侥幸保住了生命；

1932 年，俄罗斯"西伯利亚人"号极地船受困于浮冰，后艰难脱险；

2002 年，德国科考船被浮冰包围，21 名科考人员被南非"阿古利亚斯"号航船上的直升机救出；

2008 年，中国第 25 次南极考察队接近南极大陆边缘时遭遇浮冰，被困 21 天后艰难突围；

2013 年，俄罗斯"绍卡利斯基院士"号受困于浮冰区 9 天后被营救；

……

俄罗斯"绍卡利斯基院士"号的施救归功于中国的"雪龙"号破冰船。那是 2013 年 12 月 4 日，一艘载有 74 人的俄罗斯科考船"绍卡利斯基院士"号在南斯马尼亚岛以南 2700 公里南极附近海域被浮冰围住，又加上两座冰山正向其漂移，情况紧急。船上搭载的 22 名科学家、26 名乘客、4 名记者和 22 名船员发出求救信号。中国"雪龙"号科考船收到信息后，日夜兼程，千里驰援。2014 年 1 月 2 日，"雪龙"号上的"雪鹰"直升机将俄罗斯被困人员援救到澳大利亚"南极光"号航船上。当 3 日撤离这片密集浮冰区之际，自身却被阻受困，船上 101 名科考人员面临困境……

"雪龙"号受阻后，牵动全国人民的目光。党中央、国务院高度重视。习近平总书记和李克强总理相继作出重要指示，要确保"雪龙"号安全脱离浮冰区。"雪龙"号受困于南纬 66°39′、东经 144°25′的南极海域，浮冰厚度达 3 米至 4 米，距离最近的清水区为 21 公里。然而，"雪龙"号只有破冰 1.2 米的能力，这艘重 2.1 万吨的破冰船依靠自身破冰功能，在浮冰中开辟出长 1 公里、宽 80 米的"破冰跑道"，等待天气好转实施突围。与此同时，美国"北极星"号破冰船已于 5 日从悉尼出发，准备营救被浮冰围困的中国"雪龙"号。美国"北极星"号长 122 米，比中国"雪龙"号短 45 米，马力为 7.5 马力，是"雪龙"号的 5.5 倍，它是世界上最强大的非核动力船之一，能以 3 节的速度连续破 1.8 米厚的冰层，倒行可破 6 米厚坚冰，预计航行 7 天抵达出事海域。谁知，瞬息万变的南极天气突然变脸。天公作美！1 月 7 日凌晨，全船翘首期待的西风吹来，风力骤然加大到 4 级，"雪龙"号东侧大量浮冰缓慢移动。突围时机已到，"雪龙"号船长王建忠坐镇指挥。"雪龙"号用力施展倒行、加速、前进、破冰、转向等一系列重复动作。经过 13 个小时的突围，北京时间 17 时 20 分，一次重力破冰使一块巨大浮冰裂开一条水道，"雪龙"号破冰突围成功，闯出浮冰区⋯⋯

对于破冰船，许多人或许不太了解。中国"雪龙"号破冰船的破冰能力属于中等水平。目前，破冰船有柴油动力和核动力两种。核动力破冰船主要掌控在俄罗斯，其破冰能力巨大。目前世界上功率超过一万马力的破冰船有 50 艘，俄罗斯为 18 艘，其中有 6 艘为核动力。世界第一艘核动力破冰船为"列宁"号，通常停泊在巴伦支海上。俄罗斯大多数破冰船都停靠在号称"极地首都"的摩尔曼斯克，誉为俄罗斯破冰船的"母港"。俄罗斯是世界上拥有破冰船数量最多的国家。尽管核动力破冰船威力大，但鞭长莫及，到不了南极，何况南极港口不接受有核燃料的船靠港。破冰船船宽体胖上身小、马力大、航速高、冲击力强。它的船头、船尾和船腹两侧有很大的水舱，水可前后流动，实用于破冰。当冰层较厚时，采用重力破冰法，把船头的水排至船尾，船头翘起，冲上冰面，再把水由船后排至船前，用重力压碎冰层。若冰层不超过 1.5 米厚，则可依靠螺旋桨的力量和船头把冰层劈开撞碎。

环境出现了异样，讲座主题也随之改为"南极冰盖"。讲解人换为探险队队长、地质学家史谛芬·比尔萨克。我们听讲者的思绪也调整为南极的冰盖——

南极大陆 95% 的面积被冰雪所覆盖，厚度达 2000 多米，最厚的达 4000 多米，科学家称之为冰盖。这些冰盖就像一床巨大的棉被把南极大陆捂盖起来，只在边缘地区或是海岸才能看到裸露出的陆地，而且这也大

▲ 探险队长、地质学家史谛芬·比尔萨克讲述南极冰源

多只能在夏季出现。南极大陆多为雪原、冰原，被称为"白色的荒漠"。
一旦南极冰雪或者说冰盖融化，南极大陆将会变成一片汪洋大海中的一些
岛屿，全球海平面将升高 60 米……冰盖是积雪长年积压形成的，和海水
相连部分称为冰架，如果断裂脱离开大陆架就是冰山，而浮冰则为海水结
冻后漂浮在海面上所形成。

南极真是太神秘了！

经过一个多小时的转向航行，大海逐渐平静下来，航速也减慢了许多，
浮冰被甩得无影无踪。

风平浪静，云开日照，太阳露出笑脸。

探险队长、地质学家史谛芬·比尔萨克介绍完浮冰后接受了作者的专
访——

问：您在"前进"号探险船上工作了多久？

答：一共5年了。

问：干这一行累吗？

答：当然很累，每天工作14个小时，但很有意思。对于我来说，连续工作两个月才能休息几天。

问："前进"号探险船上的探险队员都来自哪些国家？

答：来自澳大利亚、希腊、智利、英国、德国、波兰和挪威。

问：您最难忘的事是什么呢？

答：看到鲸鱼是我最兴奋的时刻，看到海狮时也很兴奋！其实，鲸鱼对人类是非常友好、非常友善的。有一次，我们的冲锋舟出现故障，被涌到海浪中，不知所措。恰在这时，一头鲸鱼游过来，它将冲锋舟推到平静的海域，之后就慢慢游走了。我们大为吃惊，鲸鱼解救了我们！

问：您作为探险队队长，对南极有什么印象？

答：工作这么多年，对南极印象太深了，也很感慨！这里的冰山、冰原、冰雪是另一个世界，特别是登上南极大陆时，心情就不一样，兴奋到了顶点！太高兴了！我每次到达南极半岛或者说南极大陆都非常激动！都想再多看看这里的独特风景。我对南极的感情太深了！我写过多篇文章，感叹南极！

问：您是什么学校毕业？

答：我是德国人，毕业于柏林大学，学的是地质专业。

问：家里还有什么人？

答：父母和女朋友。父母在德国，女朋友在美国，女朋友也是学地质的。我们是美、德、船，三个方位。

问：您有没有孩子？

答：没有，若有孩子，就不能在船上工作了。

问：请问您今年的年龄？

答：52岁。

问：您对生命怎么理解？

答：我认为地球是非常神秘、神奇的，地球上的地质，决定了生命，包括南极。所以，让我们大家热爱生命吧！

　　史谛芬·比尔萨克是一位来自德国的热情洋溢的地质学家，也是一位经验丰富的极地向导，他已和"前进"号探险船一起航行了100多个航次，是个不折不扣的"极地狂热人士"。他认为他所担任的探险队长是地球上最精彩的职业。在他众多难忘的回忆中，最精彩的一次是被座头鲸呼出的海水浸湿，这让他激动了很长时间……

　　结束采访后，史谛芬·比尔萨克邀请我共同进餐，期间再介绍一些有关南极的情况，我欣然接受。

　　餐桌上，史谛芬·比尔萨克侃侃而谈，继续着他的"极地狂热"，我

▲ 用餐时间到，餐厅内各式美食让人垂涎欲滴。

们的晚餐一直持续了半个多小时，话还没有说完。

正在这时，餐厅里突然响起一阵乐器弹奏声，惊讶间，只见一队餐厅服务人员举着蜡烛走过来，直奔第十四桌，并把餐桌团团围住，大唱生日快乐歌。原来，那一席有位德国人这天过生日，餐厅特地为他庆祝。面对眼前美味的生日蛋糕和摇曳的生日烛光，聆听着服务人员的歌声，这位60多岁的老人非常激动，脸上泛出幸福的微笑和由衷的欣慰。

服务员介绍说，客人上船后，他们会首先查看人们的出生年月日，航

▲ 工作人员为游客准备生日蛋糕
　庆祝生日

▲ 廊道旁插有各国国旗，左起第三
　为中国国旗。

▲ 船员在客人房门挂纪念品祝生日快乐

行期间凡有过生日者都要庆贺!

听到"生日快乐"的歌声,餐厅里顿时沸腾起来!其他餐桌上的客人也纷纷举起酒杯,祝福、庆贺,共同高唱生日之歌!

笑声,溢满船舱……

歌声,荡漾在大海……

温馨提示 | kindly reminder

南奥克尼群岛相对南乔治亚岛较为偏僻,造就了动物世界的繁衍,特别是海豹,多如牛毛。雄海豹争雄称霸,妻妾成群,生儿育女。在海豹的领地,人与海豹一定要保持距离,尤其是带领幼子的海豹,非常凶恶。雄海豹之间争斗时要远离,不要惊动暧昧之中的海豹,否则,有可能会受到袭击和伤害。南奥克尼群岛建有英国和阿根廷的科考站,历史悠久,名气很大,尤其英国,在南极建有很多科考站,首次发现南极上空臭氧空洞的消息报道后,震惊了世界。警示人们紫外线透过臭氧空洞直射,对人类生存危害极大。去南极一定要做好防护,带足防晒霜,皮肤不要外露。在南极被浮冰围困不要惊恐,一般情况下都会被施救,因为南极有救援条约。去救援的船或通过破冰开出一条水道,或通过起降直升飞机营救。

CHAPTER 5

南设得兰群岛：撒向大海的一串白玉

　　像一串玲珑剔透的白玉撒向大海，似一串洁白无瑕的珍珠撒落玉盘，这就是南设得兰群岛。

　　南设德兰群岛的地理位置处在南美洲和南极大陆之间，是进入南极的跳板、中转站及落脚点，是自乌斯怀亚去往南极的必经之路，南设得兰群岛、乌斯怀亚、南极大陆被称为南极旅游的"金三角"。

　　这里有密集的多国科考站，有有着南极首都之称的"地球村"，有变化莫测的海岛岛链的秀丽景色，有堪称世界一绝的火山口，还有南极特色的冰山、冰河、冰峰和雪原，光怪陆离，神秘多姿，梦幻奇妙……

乔治王岛上的中国长城站

晨光四射，红霞满天，波光粼粼……

经过一夜的航行，"前进"号探险船顺利来到南设得兰群岛中的乔治王岛水域。我们换乘冲锋舟登上陆岸。站在乔治王岛极目远眺，生机和活力充满着整个岛屿。

岛上建有多国科考站，诸如阿根廷、巴西、智利、韩国、秘鲁、波兰、俄罗斯、乌拉圭

▲ 上岸

▼ "前进"号徐徐靠近乔治王岛

及中国等，还建有智利的飞机场。乔治王岛不仅是海鸟、企鹅、海豹等极地动物的聚集地，还是南极地区科考站最密集之地，是人类在南极活动最频繁、游人最多的地方，被誉为"南极的地球村""南极旅游的金三角"。

乔治王岛（King George Island）中心位置为南纬62°02′，西经58°23′，它是由荷兰人葛利兹于1599年9月15日在此登陆发现的。1819年英国人史密斯在此登陆，宣布主权，并以英王乔治三世的名字命名。乔治王岛长95公里，宽28公里，面积为1150平方公里。

乔治王岛为南设得兰群岛中心的一个岛屿，而且是最大的一个岛。

南设得兰群岛（South sheland Island）处在南纬61°至63°37′，西经53°00′至63°00′，距乌斯怀亚和马尔维纳斯群岛分别为800公里和1200公里，距南极半岛160公里。主要岛屿依次为象岛、克拉伦斯岛、乔治王岛、纳尔逊岛、罗伯特岛、格林尼治岛、半月岛、利文斯顿岛、斯诺岛、史密斯岛、梦幻岛和洛岛等。整个群岛从西南到东北方向延绵450公里，总面积为3687平方公里，是南极最大的群岛。南设得兰群岛的发现涉及荷兰、西班牙、英国、美国、俄罗斯等多个国家。智利在1940年、阿根廷于1943年分别宣布对其拥有主权，而英国从1908年起就宣布其为英属领地并由马尔维纳斯群岛即福克兰群岛属地管辖。到1959年《南极条约》签订，南设得兰群岛的主权不再被缔约国承认，而开放于各国设立科考站，用来作为科学研究的基地。这些科考站多建在乔治王岛，其中就包括中国长城站。

登上乔治王岛的中国长城站，有一种说不出的喜悦和自豪，更有一种不自觉的亲近感。"长城"是中国的符号，又是中华民族的象征。"长城"落户南极，说明中国科考在南极占据了一席之地，且"长城"两字永远留在南极。我们登陆后向远处眺望，一栋栋橘红色建筑矗立在山坡之上，仿佛一道狂风吹不倒的钢铁长城。

▲ 祖国您好，我们登上了中国长城站所处的乔治王岛。

中国长城站位于乔治王岛西部的菲尔德斯半岛南沿，北邻德雷克海峡麦克斯维尔湾中的小海湾，背靠终年积雪的山坡。其地理坐标为南纬62° 12′ 59″，西经58° 57′ 52″，距北京17501公里。长城站南北长2公里，东西宽1.26公里，占地面积2.52平方公里。主体建筑有办公栋、气象栋、通讯栋、观测栋、文体栋、医务栋、宿舍栋等10多座建筑。

中国长城站紧靠智利马尔什基地机场和多国科考站，地理位置优越。附近地衣、苔藓、藻类植物茂盛，还生长着南极洲仅有的4种显花物种。沿海地带是企鹅、海鸟和海豹的栖息地和繁殖地，被称为"南极的绿洲"。

来到乔治王岛，走近长城站成了第一要务。我们首先了解到中国在南极首次建站的情况。科考站刘志刚作了全面介绍：1983年6月中国就加入了《南极条约》，但因为没有建立科考站，仅被称为缔约国，而非协商国，没有表决权。当年9月第十二次《南极条约》协商国在澳大利亚开会时，中国虽然参加了会议但在表决时却被拒之门外，这在中国团看来是一种屈辱。

作为一个泱泱大国，中国怎么会被拒之门外呢？这涉及国家荣誉和民族的尊严。中共中央、国务院得知这一消息后很快决定，在南极建立科考站，获得协商国的地位和权利。时不我待，1984 年 11 月 20 日，中国首支南极考察队乘坐两艘巨轮，装载着 500 多吨建站材料，从上海起航驶往南极。

1984 年 12 月 25 日，我国两艘航船进入南极后，经过考察队的多方实地勘察，最后选址在乔治王岛菲尔德斯半岛。12 月 31 日，中国首支南极考察队把从祖国运来的刻着"中国南极长城站"的基石竖起来，并在南极洲的乔治王岛上空第一次升起五星红旗，高唱国歌，隆重举行中国南极长城站的奠基典礼！由此开始，一个大干快上的建站热潮拉开了！

经过一个多月的昼夜奋战，1985 年 2 月 15 日，中国向全世界宣布：中国南极长城站建成！

1985 年 2 月 20 日，中国南极长城站落成典礼隆重举行。这一天，乔治王岛银装素裹，橘红色建筑上彩旗飞扬。在锣鼓喧天、一片欢腾中，五

▼ 长城站全景

▲ 1985年在乔治王岛竖立的石碑，上面写着"长城站"三个大红字。

星红旗又一次在庄严的国歌声中徐徐升起，飘扬在南极上空。

时隔半年，即1985年10月，在比利时布鲁塞尔召开的16个南极协商国会议上，由于南极长城站的建立，中国正式被吸纳为协商国。从此，中国有了表决权。

长城站开始进行科考工作后，科技工作者经受了严峻的考验。南极冬季气温一般在零下30℃。抗击寒冷，度过冬季，他们要克服常人难以想象的困难。特别是要经受气旋的袭击，那狂风无休止地刮着，风速达每秒50多米，风夹杂着雪，雪卷挟着风，铺天盖地，一卷千里……

除寒冷狂风外，还要战胜孤独、单调、寂寞。在南极，出门一片雪原，进门一间小屋，到野外作业是白色的世界，没有绿色，没有繁华，没有喧闹，只是一片沉静的白色大地。天长日久，科考队员在精神上有时会感到压抑，尤其是长期面对残酷的环境，心灵深处或多或少会受到一些影响。在一些外国科考站，就出现过不少精神失常者，有的不甘寂寞出走外逃而身陷绝

▲ 长城站全体科考队员在石碑前合影

境，有的因难以忍受孤独寂寞而酗酒死亡，还有的纵火烧毁站上建筑。而在中国长城站，从没有出现过以上情况，科考队员用顽强的意志、坚韧的毅力、奋斗的热血，凝成了"讲理想、讲科学、守规律、顽强拼搏"的南极精神。

　　经过 20 多年的努力，长城站科考工作者取得了举世瞩目的科研成果。比如对南极磷虾的研究就取得了重大突破，摸清了磷虾的繁殖和数量。南极磷虾的蛋白质含量高达 18%，均含了人体所需要的钙、磷、钾、钠等多种元素，它的营养价值比牛肉高得多。磷虾是鲸鱼、海豹、企鹅、飞鸟及海洋各种鱼类的食物，研究磷虾的总量对于磷虾的合理开发利用、保护南大洋生态平衡至关重要。

　　经研究，南大洋磷虾总量为 6 亿多吨。如果按每头须鲸一天吃 1 吨磷虾计算，全部须鲸一年的食虾量为 2 亿多吨，再加上海豹和企鹅及其他动物，磷虾的消耗量是一个不小的数目。可以说，正是大量磷虾的存在，才维持了南极的生态平衡，维系了南极生生不息的生命轮转。

然而，也不能不看到一些国家，受利益的驱使，大量捕捞磷虾，就像捕鲸一样，不择手段，毫无节制地撒网。磷虾只有50毫米长，而日本捕磷虾船的网获量为4.9吨，一网下去等于5条须鲸一天的食量。《南极海洋保护国际公约》组织曾提出强烈要求，保护磷虾，可惜日本没有理睬。如果磷虾受到危害，食物链断档，南极其他生命也将面临濒危的绝境。

在中国南极科考工作中，陨石的发现和研究也收获颇丰。目前中国南极科考人员已收集各种陨石11550块，仅次于美国和日本，居世界第三位。这些陨石有的来自月球，有的来自火星，有的是其他"天外来客"。陨石有很高的科研价值，可提供研究太阳系运转的资料，可以了解宇宙的演变状态，还可以研究探索其他星球上有无生命存在，是一把揭开天体奥秘的金钥匙。如美国收集到一块1.3万年前坠入南极冰盖中的陨石，这块来自火星的陨石上面，排列着细小的单细胞生命。科学家很快推断出火星应该存在生命，于是派遣两艘飞船前往火星，探索生命。

▲ 科考人员地面取样检测环境污染

▲ 查看仪表

▲ 野外安装探测设备

▲ 抄录百叶箱数据

刘志刚介绍完后说，南极科考站的建立，对研究地球大气、环境、生命，特别是对人类的发展进步具有非常大的价值。截至现在，在整个南极建站的国家已拓展到 28 个，共建立了 72 个科考站，我国除长城站外，还有中山站、昆仑站和泰山站。目前，长城站共有 13 名队员。刘志刚是河北的一位

▲ 录入资料

气象工作者，来南极之前为青龙满族自治县气象局副局长，有着丰富的工作经验。刘志刚在长城站的主要任务是负责所有气象资料的采集，他从凌晨 00：45 开始，冒着风雪到远离住地的气象站抄录仪表，将气温、湿度、风速、气压、日照、辐射等记录下来，像这样的抄录每天要往返多次，直到晚上 18：45 结束。然后将全天的气象数据汇总，再发报到国际气象组织。

除此之外，每天还要采集大气污染物滤纸式样，监测环境污染指标。刘志刚介绍："全球气候变化在南极表现得非常突出，气候变暖、环境污染都在南极反映出来。近几十年，冰盖大面积融化，动物体内含有大量有毒污染物，这些足以说明地球上仅存的一块净土开始受到污染……"

南极的阳光，洒满充盈着生机、洋溢着热情的长城站。

再见了！长城站！祝福你不断壮大，走向未来……

再见了！我们的科考队员，愿你们迎接新的挑战，创造新的奇迹……

走进波兰科考站

云雾缭绕，雪花飘飞，寒气逼人。

波兰科考站被笼罩在浓浓的雾霭中。

南极的天气像孩子的脸，刚才还是晴空万里，突然间就变得云遮雾罩。天，一下子暗了下来。

迎着云雾，我们登陆波兰科考站。

波兰科考站（Arctowski Station）坐标为南纬62°09′，西经58°28′，处在乔治王岛，距离中国长城科考站不是很远。

▼ 登陆点合影

当我们乘冲锋舟快要靠岸时，迎面出现一座拔地而起的独峰，像不规则的石塔矗立在海边，四周是悬崖峭壁，高度至少有 300 米。独峰的顶端建有一座红色的灯塔，这是波兰科考站的地标。

走下冲锋舟，迈向石子岸，面前同样是一群群企鹅，昂头站立着，注视着我们登陆，迎接我们这些陌生的客人，还有的企鹅大胆地向我们走来，展开双翅表示欢迎。这就是南极，到处都是企鹅。不

▲ 波兰站前的独立山峰、灯塔及神像

过，我们并没有太多的时间去观察企鹅，因为此行的主要目的是参观波兰科考站。

波兰科考站距登陆点约 3 公里多，必须绕转眼前这座奇山怪峰才可到达。只见峰壁上峋石斑斓，峭崖下褶皱万千。在南极像这样的山峰我们还是第一次遇到。更加神奇的是在山峰峭壁上，修筑了两处神庙，之中存有神像，还镌刻着文字。对于乔治王岛而言，这是一处比较特殊的地带，从峰巅上的灯塔可以看出其年代已久，在山峰一侧不远处，还有一个旧房子的遗址，它可能比波兰科考站的历史还要长。

企鹅相伴，走在通往波兰科考站的石子路上，展现在眼前的是一把镰

▲ 独峰壁上的神像　　　　　　▲ 用鲸骨搭建的神庙

刀式的海湾，又像半圆的月亮嵌在岛中，一湾碧水，雪山映照。远处，只
见一处处黄色的房屋，那里应是波兰科考站。海湾、雪山、碧水、奇峰，
组成一幅绝佳的风景画。

　　不过，与这绝美画卷格格不入的，是出现在我们脚下的遍地鲸骨，
那满目疮痍遍地白骨，深深刺痛着我们的心灵，这都是过去捕鲸者的"杰

▼ 前往波兰站的海滩上，布满鲸骨。

作"啊！昔日那些捕鲸者，尽管跑去峰壁下的"神像"前谢罪，终究也洗不清屠刀上沾满的鲜血……

正在痛惜当年被捕杀的生命，不觉间波兰科考站到了。

首先闯入眼帘的是"里程标牌"，密密麻麻像箭一样指向东南西北，上面写着从此地到世界各大城市的里程，如到巴黎、伦敦、纽约、首尔等，当然也有北京。

波兰科考站散落着十多处房屋，坐落在漫天雪地中。每处房屋的底部都高于地面一米多，风雪从房屋下面毫无阻挡地穿过。如此建房的用意可能是担心墙体阻挡住风雪，导致房屋被大雪埋没。这里没有院落，没有围墙，一处处建筑随意地横在雪野。在靠海岸一处，摆放着几台推土机和吊车，还有老式传送带。三五成群的海豹或躺在机器旁，或躺在房屋边，有的海豹就安然卧在屋门口，好像是守家的宠物，看护着自家的房舍。距离科考站不

▲ 随行的儿童坐在鲸骨上凝视……

▲ 拍下波兰站到世界主要城市的里程标牌

127

①波兰站全景　　②房屋底部高出地面两米之多留足风雪道
③综合办公栋　　④波兰站标牌

远处是一个废弃的捕鲸站点。

　　在探险队长史谛芬·比尔萨克的带领下，我们走向综合办公房，外墙上挂着"波兰科考站"的牌子。这里房门并不大，进入第一个过厅，两侧墙面挂有南极和乔治王岛的地图，还有几张国家政要参观的照片，通道旁木柜里摆放着各式各样的石子。进入第二道门是大厅，约有 50 多平方米。里面摆放着木凳、木桌、木沙发，桌上放着咖啡、饼干，来客可以随意品尝。大厅的橱柜里放置着大大小小的玻璃瓶，高高低低的实验仪器，最扎眼的是一块鲸骨，上面贴着科考人员不同时期的照片。

▲ 波兰科考站斯维亚·嘎斯嘎女士接受作者采访　　　▲ 记录

▲ 室内张贴着乔治王岛地图　　　　　　　　▲ 鲸骨上的照片

在实验仪器旁，一位年轻的女科考人员接受了作者的采访——

问：你是什么时候来这里的？是第几次来科考站？

答：今年10月份来的，我是第一次来科考站工作。

问：在这里工作感到寂寞、孤单吗？

答：开始确实有，后来就没有这个感觉了。这个地方非常漂亮，风景很美，所以不感到寂寞，更感觉不到孤单，因为这里就是我的家。

问：科考站一共有多少人？

答：总共12个人。

问：考察项目是什么？

答：地球物理，矿产资源调查。

问：科考人员的年龄结构是个什么情况？

答：最大的60岁，最小的26岁，大多在30岁左右。

问：在这里工作最长时间是几年？

答：一年一换。

问：方便问一下您今年的年龄？

答：30岁。

问：叫什么名字？

答：斯维亚·嘎斯嘎。

问：家里还有什么人？

答：父亲、母亲和爱人。

问：科考站后边的山坡上有个石碑，您能介绍下吗？

答：那是为了纪念波兰一位很有名的摄影师，名叫普伽斯基。前几年，他到这里寻访，不幸遇难，永远长眠在南极。石碑上刻有他的生平事迹。

专访斯维亚·嘎斯嘎后，她带我们走进一间房屋，之中装满了各种矿石标本，有黑色的、灰色的、褐色的，还有暗红色的、浅黄色的、深红色的。这时，嘎斯嘎拿起一块矿石向我们讲述了采集的困苦和艰难，她说："我们到野外采集矿石，一般都是三人以上，至少也要有两个人在一起。有一次，我们快爬到山顶时，突然刮起一阵狂

▲ 矿石标本

风，将我们吹得翻滚下来，一直滑到山脚，好在幸免于难。"

说到这里，斯维亚·嘎斯嘎停顿一下："当然，采矿石标本有时要靠深孔钻。因为，南极陆地大部分由冰雪覆盖，深度达上千米，很不易勘探。"

当问起南极矿产分布时，斯维亚·嘎斯嘎介绍："多着呢，现在已发现南极很多地方都有矿床，而且非常丰富。有铜、钼、铅、锌、银、金、锡、铬、镍、钴、钛、锰、铀等，太多了！比如铁矿吧，南极的铁矿储量非常大，主要位于东南极。在鲁克尔山西部的冰盖下，铁矿带长达200公里，这是世界上最大的铁矿带，有'南极铁山'之称，蕴藏量可供全世界开发200年。"

"南极煤矿资源丰富吗？"作者追问道。斯维亚·嘎斯嘎随后介绍："南极拥有世界上最大的煤田，有的是直接暴露在地面。目前发现的煤田主要分布在横贯山脉，这可能是世界上最大的煤田，还有其他地方，很多很多，如果相加起来，数量巨大得让人惊讶：南极煤矿蕴藏量可达5000亿吨。"接着她又说："南极不仅有煤矿，还有天然气呢。美国探险队在罗斯冰架钻探，刚下钻45米深，天然气就喷吐而出，于是他们赶紧采取措施堵塞。据测，仅这一地带就有78万平方公里，可见天然气何其多。"

"煤和天然气都是古代大量植物埋藏地下产生的，然而南极大陆气候恶劣，没有树木，连茎类植物都没有，怎么会沉积煤和天然气呢？"太感好奇，忍不住问道。

斯维亚·嘎斯嘎赞同南极是从其他大陆分离出来的观点，她说："南极不仅有煤和天然气，还有天然气水合物，即可燃冰资源。可燃冰看似像冰块，晶莹透亮，实际并非冰，而是一种新型高效能源，是一种可以燃烧的'冰块'。经过勘察，南极的罗斯海和威尔海海底分布着大量可燃冰。如果只将海洋中的可燃冰利用起来，可供人类使用1000年。"

可见，南极的矿产资源是多么的丰富。那么为什么人类不加以利用呢？斯维亚·嘎斯嘎回答是肯定的："目前，南极禁止开采一切矿产资源，以后就很难说了。现在的勘察主要目的是研究摸底，掌握资料。"

南极，不仅风光秀丽，还蕴藏着丰富的可利用资源，这真是人类的一大笔财富！

在考查时我们还看到，船上工作人员特意将全体乘客的护照带到波兰站，在每个护照上加盖波兰站的公章，以示南极留念。

离开波兰科考站时，斯维亚·嘎斯嘎深情地目送着我们，她期待着让世人更多地关注南极，了解南极。

半月岛帽带"企鹅高速路"

"半月岛"！多么美妙的名字啊！人们纷纷走出船舱，来到甲板上观望。航船悠闲自得地在峡湾中前进，划破平静的海水，两边的雪山绵绵，冰山林立，前面是一处像弯月形状的小岛，那就是半月岛。

▲ 美丽的半月岛风光

下午 5 点钟，"前进"号探险船广播："按照预定目标，航船已经进入南设得兰群岛南部的格林尼治岛和利文斯顿岛中间海域的月亮湾，大家做好准备，登陆半月岛。"

何谓月亮湾？这时，探险队长史谛芬·比尔萨克站在甲板上指着西边向大家介绍："你们看，西边是利文斯顿岛，它是南设得兰群岛除乔治王岛之外的第二大岛；大家再往东看，那就是格林尼治岛，中间夹着的那个小岛即前面的那个岛就是半月岛。利文斯顿岛面向格林尼治岛和半月岛的一边，其海岸线呈月牙形，所以这个海域叫月亮湾。月亮湾和半月岛都形似月亮，所以这个地方在南极很出名，凡是到南极旅行者，大都要登陆半月岛。"

太有诗意了！月亮湾含着半月岛，半月岛藏在月亮湾，我们在甲板上看得一清二楚。南极的雪山、冰海、美岛，总是让人好奇、激动！

提到利文斯顿岛，史谛芬·比尔萨克话锋一转，说道："利文斯顿岛虽然是南设得兰群岛的第二大岛，但它还不如半月岛，无论是名称、地形还是风光。利文斯岛形似一个怪兽，向四周伸出多只脚，张牙舞爪。1819年 9 月，西班牙的"圣特尔莫"号舰船在该岛的希勒夫角沉没，致 600 多人丧命。这么多人死在南极还是第一次。为此，人们为这个岛起了很多不

▲ 从冲锋舟上远眺半月岛，那沿海湾直伸向山顶的褐色沟壑，便是企鹅走出的路，名曰"企鹅高速路"。

吉利的名字，如：诡异岛、魔鬼岛、地狱岛、孤独岛、遇难岛、不幸岛等。所以，就登岛率来说它远不如半月岛。"

　　20分钟后，我们换乘冲锋舟，向半月岛飞驰，溅起的浪花打在脸上、头上、衣服上。然而，这并没有阻挡住人们眺望半月岛的视线。在冲锋舟上，我们远远看到半月岛上的雪地上，显示出条条企鹅走出的路。

　　近距离和远距离观看不一样。当登上半月岛时，我们相当惊奇：怎么这么厚的积雪啊！除几座直立山峰外，岛屿全被厚厚的白雪覆盖，这是去往南极一路走来见到的最大、最厚的积雪。比乔治王岛、南奥克尼岛、南乔治亚岛上的雪大得多，厚得多，覆盖面也更广，可能是随着纬度南移的缘故吧！

　　走下冲锋舟后，探险队长讲述了半月

▼ 登陆

134

岛的情况。

半月岛（Half Moon Island）处在南纬62°36′，西经59°55′，面积只有0.51平方公里，是南设得兰群岛之中最小的岛屿。岛的北部有海拔96米高的詹尼亚峰和海拔101米高的加布里艾尔峰，南部有海拔93米高的莫雷尼塔峰。岛的中部为平缓的岗坡山梁，设有阿根廷卡马拉科考站。小岛的地形像半个月亮，其西部海域为月亮湾，东部海域为孟古安蒂湾。半月岛是帽带企鹅的栖息地，还有南极燕鸥、黑背鸥、白鞘嘴鸥、雪白南极海鸟、威尔逊海燕及海豹、海象、鲸鱼等，经常来此做客。

半月岛，真是一处美妙的、神秘的海岛，它像一颗璀璨的宝石镶嵌在极地的皇冠上，将一些南极洲最华丽的风光收入其怀抱之中。

登陆后，首先映入眼帘的是从海边通向山上的雪路，听介绍才知道，那是企鹅走出来的路，美其名曰："企鹅高速路"！这是企鹅从海边到山上、从山上到海边寻食的专用路。因为时下正是企鹅的产卵、孵化期，它们选择在远离海滩裸露的土地上产蛋，产蛋后要度过45天的孵化时期。期间，它们只能从山上下来到海里寻食，然后再回到它们的家园。这样，走来走去，便踩出多条路，这就是"企鹅高速路"。"高速路"是南极的科考人员给这

▲ 帽带企鹅正沿"高速路"大踏步前行

135

▲ "企鹅高速路"下部连着大海

条道路冠的大名。旅行者走在"企鹅高速路"上，若是遇到企鹅迎面而来，人要给企鹅让路，因为这条"高速路"由企鹅主宰，而不是人类主宰，就像大陆上的高速公路由汽车主宰，行人是不能上去的一样。在南极，特别是在大雪覆盖的山上，有许多雪坑，埋藏在积雪下看不见，如果随意在雪地上走，那就很危险，一旦掉进隐藏的雪坑，会有生命危险。所以，我们走企鹅所走的"高速路"，是最为安全的。

通往山上的"企鹅高速路"何止一条呢！我们顺着海岸线眺望，有很多条企鹅踩出的"高速路"通向山顶。可以想象，山上的企鹅何其多？我们沿着"企鹅高速路"前行，去探个究竟。

▲ "企鹅高速路"上部伸向山顶　　▲ 我们沿"企鹅高速路"走向山顶

转眼，迎面走来两只企鹅，摇摇晃晃，憨态可掬。我们马上止步，并让路于企鹅。企鹅从我们的脚前走过，几乎是擦着我们的裤角。按南极规定，人与企鹅的距离为5米，可是企鹅走近你，又是零距离，没办法啊！这不能算越规。

　　"帽带企鹅！帽带企鹅！"这时，有人突然喊起来。方才只顾给企鹅让路，而忘记了细心观察，险些错过又一处风景。顺着大家的目光望去，还真是与书上写的和照片上拍的一样，典型的帽带企鹅！

　　这时，探险队员、鸟类学家曼纽·马瑞走过来告诉我们："帽带企鹅又名纹颊企鹅，还称南极企鹅。你们看吧，帽带企鹅的脸部，从两耳到下巴，有一条黑色的环线挂在面颊，这条环线，像帽檐，像吊链，给人微笑的面孔，非常天真可爱，惹人喜欢。"

▲ 迎面走来一只掉队的帽带企鹅，大家都将镜头锁定这只偶遇的可爱企鹅。

▲ 帽带企鹅驻足，好奇地观望我们这些不速之客……

▲ "照吧，给你们一个侧影。"

▲ "还照啊，不好意思了。"

▲ "照够了吧，走吧，我为你们带路，
去我们的大家庭看看。"

▲ 企鹅引路

这时，我们看到一只帽带企鹅嘴里叼着磷虾，正蹒跚着向山上走去，太执着了！一步一个脚印！

曼纽·马瑞介绍："帽带企鹅是除王企鹅、帝企鹅之外最漂亮的一种企鹅。若从清淡、雅静方面看，并不亚于帝企鹅和王企鹅。有些画册、书刊及广告宣传，专门挑选帽带企鹅做画面。帽带企鹅一般高 77 厘米，体重 5 公斤，潜水深度可达 70 多米，主要分布在南设得兰群岛、南极半岛，拥有数量不少于 300 万只。"

我们继续前行，大约走出 1500 多米，眼前出现一道锯齿形峭壁，这就是半月岛上的最高峰——加布里艾尔峰。有趣的是，黑色的峰壁上，呈

▼ 爬满红色地衣的山峰即是半月岛地标加
布里艾尔峰，峰下帽带企鹅聚集成群。

现出一层暗红色的颜色，像是用红漆涂过的一样，黑红分明，红黑相间。曼纽·马瑞介绍："那是地衣，是一种植物，当然峭壁间也夹杂着暗红色的石头。南极就是这样，有很多想不到的山石，还有很多想不到的色彩。想不到的东西太多了，难以解释。"

"快看，山崖顶上还有企鹅！"这时，又有人叫道。我们顺着喊声望去，只见山顶上黑压压一群群的企鹅，只是距离太远了，看不太清，只能用长镜头拉近才可欣赏。

那些企鹅是怎么上到峭壁上的呢？这时，突然想到探险队员那句话："这是南极，想不到的东西太多了！"

我们按照指定的路线前行。

在南极，有严格的指定线路，不能乱走，不能越出规定线路半步，以防出现意外。沿途，在雪地上插着红旗，这是探险队员事先探好路选定的路标，而插着两杆交叉的红旗，则是止步的意思。这些，在刚上船时工作人员都已告知了。包括走近企鹅不能小于5米等规定，如若触犯，会有相当严格的惩处措施,比如取消登陆机会等。这时,我们真的想走到峭壁跟前，但，不能，因为没有红旗路标。

踩着厚厚的雪路，踏着化解的冰块，当绕过加布里艾尔峰，一个左转弯，蓦然间，大片大片的企鹅群出现了！又是成千上万！又是黑压压一片！这些企鹅都是清一色的帽带企鹅。壮哉！壮哉！太激动人心了！而且可以靠近，近距离观察，尽管限制5米的距离，但千万不要忘记：你不能走近企鹅，但企鹅可以走

▼ 众企鹅高调迎接我们的到来

▼ 神气地张望

近你啊！成千上万！企鹅走近你的机会太多了！

当我们走近企鹅警戒线 5 米时，没出一分钟，企鹅像老朋友一样，一个一个向你走来：触动下腿，擦磨裤角，抬头仰望，甚至有的还张开嘴，仿佛向你索要什么。但，且记这一条：绝不能向企鹅投放一点点食物！这也是规定，是纪律，也是上船时公布的。因为企鹅吃了南极之外的食物可能变异，也可能把细菌带入肚中，造成污染。

这时，我的耳边又响起一句话：在南极，不能留下任何东西，也不能带走任何东西，带走的只能是记忆，留下的只能是脚印。

欣赏吧！帽带企鹅的世界；观看吧！帽带企鹅的天下；注目吧！帽带企鹅的海洋。它们有的在筑巢，有的在寻访，有的在喂食，有的在嚎叫，有的在爱恋……动物世界就是这样：群居而乐呵，聚结而欢快！

面向这么庞大的帽带企鹅群，对于我们这些外来者而言，真是莫大的享受！格外的高兴！意想不到的振奋！人们举着照相机、录像机不停地拍啊、摄啊！把眼前的一切一切，都装到镜头里，埋进记忆中……

▲ 半月岛上奇山怪石林立

▼ 登上半月岛山巅拍合影

  半月岛，典型的南极风光。返程的雪路上，来自中国的造访者选择了最佳背景，照了合影，一展在南极的英姿。

  再见了，半月岛！

  别离了，月亮湾！

  半月岛的峭壁，半月岛的"高速路"，半月岛的迷人风光，半月岛的合影，难以忘怀……

  半月岛，真是南极最漂亮的岛屿！

梦幻岛上的体质较量

日期：12月29日。（日出时间：03：02：00，日落时间：23：00：00）
地点：梦幻岛。

天色发白，凌晨2：30，甲板上的人群已是满了又满，连一个拍照的空间都找不到，大家都在准备抢拍梦幻岛的日出！

梦幻岛，太奇妙了！听一听名字就让人产生无限遐想……

梦幻岛，被列在南设得兰群岛之中。其实，这个岛和其他岛不一样，岛中有岛，湖中有湖，通向岛中之湖只有一个入口，而且非常窄小、隐蔽，这是梦幻岛的一大景色。昨晚的中文讲座，专题讲述了梦幻岛的神秘。

梦幻岛，又名迪塞普申岛（Deception Island），还称奇幻岛、迷幻岛、诡计岛，英文的原意为"欺骗岛"，处在南纬62° 57'，西经60° 37'，在利文斯顿岛南15公里处。

▼ 梦幻岛入口处的悬崖及融雪水流

该岛像个马蹄形，直径 10 公里，因火山而形成，火山口是环形的。这是由于海水长期的冲刷，环口的东南部倒塌，海水乘机而入，火山口成了火山湖，而湖与海的连接处成了一个天然的航道口，宽 200 多米。这个天然航道的中间，有一处隐蔽的暗礁，只有在礁石的南端才可以行船，而行船的空间实在太小了。许多不熟悉情况的舵手，因此而船毁人亡。1957 年，一艘"南方猫人"号航船在此触礁沉没；2007 年，载有 200 多名乘客的"北角"号游轮撞上这个巨石……为此，这个航道口被人们称为"地狱之门""龙王之嘴""海神之道"。再加上入口处悬崖峭壁，似刀砍斧劈般，真使人望而生畏！

　　梦幻岛快到了！航道口就在眼前。汹涌的海浪，耸立的山峰，飞飘的乌云，撕裂的冰山……航船骤然减速，道口越来越近，山势越发险峻。

　　就要进航道口了！人们捏着一把汗，心吊到嗓子眼儿，屏住了呼吸，甲板上鸦雀无声，一片寂静，只有翻卷的水浪声和冰山的塌陷声。人们在惊恐中，在畏惧中，大有"山雨欲来风满楼"之感，顿觉"兵临城下"之势……

　　船体已经进入航道口！山，猛的拔高；峰，顿然刺天；水，突的变窄；云，一下子消失。峭壁身边擦过,冰山触手可及。慢行,慢行,再慢行；小心,小心,再小心；注意,注意,再注意……

　　"呜——"！一声船鸣！航道口被甩到脑后，船体顺利过关！

　　航船过后尽开颜！没了浪涛，没了乌云，连太阳也露出了笑脸。甲板上的人们欢腾跳跃，笑声、欢歌荡漾在上空。

　　山里山外两重天，航道里外不一般。只见湖面如镜，倒映着四周的群山；海鸟自由，飞浮在水面；白云朵朵，在水里飘动。最为动人的是那黑白相间的山体，太漂亮了！墨黑色的是火山体，白条状的是半融化的雪，黑白分明，白黑相间，就像木刻一样，展现出大自然的黑白美，单调美，独特美！

▲ 水墨梦幻

　　人间自有喜怒哀乐！那就让你"怒"一回吧！正当人们兴奋异常尽享
大自然美景之时，轮船经过右侧一个叫捕鲸者湾的水域，顾名思义，它和
鲸鱼有关。大家的视线扫过捕鲸者湾，目光很自然地停留在湾的岸边：废
旧的圆筒、铁罐、炉盖、钢管，一片狼藉，与美丽的大自然极不协调。生
物学家菲德里克·布鲁尼说："这是一处炼鲸厂遗址，是挪威建的。"听到
炼鲸厂这个词，直觉太可怕了！不！太愤怒了！人们由"可怕"转而"愤怒"
是很自然的。这又是捕鲸者的"杰作"。那是 1910 年，挪威的捕鲸者在这
里建立了鲸鱼炼油厂，因为这里风平浪静。当时，每天有数十条捕鲸船来
往于梦幻岛，将捕到的鲸鱼运到此处，尸横遍野。

　　"路有冻死骨"！据统计，在这里堆积鲸尸的数量多时高达 5000 多头。
5000 多头？这是一个什么概念？ 5000 多头鲸尸将占用多大的地方啊！

▲ 淡入浅出比国画，水墨山雪如梦幻。

▲ 山脚下的鲸鱼宰杀场给纯美画面添了一抹肃杀。

这5000多头都是生命啊！

讲到这里，菲德里克·布鲁尼停顿了一下，说："杀生，而且是杀大生，大杀生，这对信教者来说是有罪的！并且，这些捕鲸者、炼鲸者多是信教的，尽管在捕鲸点修了教堂，但忏悔有用吗？这处遗址应该给后人留下思考……"

柳暗花明又一村。当"前进"号探险船行至湖的中心地带，我们向右侧观看，俨然一幅"火山灰壁画"。黑黑白白，有的像斑马，有的像瀑布，有的像冰雕，有的像梳子。一丝丝，一道道，一挂挂，一绺绺，形成独特的黑白壁画。这是南极独特的一

▲ 融化下泄的雪线，黑白相间。仔细观察，红色苔藓岩石横亘其中。

大景观。我曾经欣赏过喜马拉雅的雪山，与之不同；我曾经造访过巍巍昆仑上的雪峰，与之别样。安第斯山脊、乞力马扎罗山头、富士山顶……都比不上梦幻岛啊！

▲ 泰乐丰湾登陆

◀ 爬山起点留个念 ▶

南极的脊梁，梦幻岛，竟是如此的美丽，让造访者竞折腰……

"前进"号探险船在梦幻岛湖面徐徐前行，一直航行到湖的另一端一个叫泰乐丰湾的地方停下来，我们乘冲锋舟登陆。

按照行程安排，我们将在此举行一次登山活动。从湖边沿着山路登上泰乐丰陡壁，时间为1个小时。眼下是7点50分，大家稍休整了一下，等时针指向8点整，探险队长史谛芬·比尔萨克一声令下，来自各国的行者立刻开始爬山。

开始，中国人一起往上爬，随着坡的走势逐渐散开了，来自世界各地的人们交织在一起，同登雪山。

随着坡度的加大，登山的人群自然排成长串，像马拉松赛跑一样，人与人之间也逐渐拉开了距离。此间，梦幻岛的山峦又增加了一道新的风景线，那就是登山者的风姿。看吧：从山脚到山腰，从湖边到雪地，身穿天蓝色冲锋衣的人们，镶嵌在山壁上，于黑山和白雪的单调色彩间，又增添了点点莹蓝，在阳光照射下异常艳丽。而我们这些登山者，可以近距离欣赏梦幻岛上的雪地和火山灰，何其有幸，尤其登高望远，别有洞天。

▲ 一条蓝色长龙蜿蜒在黑色山脊上，给单调色彩增添了点点生机。

▲ 奋力冲刺最高点

无限风光在险峰！登山中，你超我，我赶你，都想提早爬到顶峰，领略山巅风光。经过 48 分钟的激烈运动，我们终于爬到泰乐丰陡壁的顶峰。回首一看，中国队的七八个人都上来了，每个人脸上都显露出胜利的笑容。站在海拔 300 米的峰巅，四周眺望，梦幻岛的全景一览无余：那平静的一湾湖水像一块明珠发出璀璨的光芒，四周的雪山隐含在广阔的大海之中，此时的"海神之道"仿佛露出了笑脸，一群群海燕在蓝天白云之中飞来飞去。壮丽啊，南极！妙哉啊，梦幻岛！

在顶峰，我们围坐在一起，听探险队长史谛芬·比尔萨克讲述梦幻岛的故事："梦幻岛不仅风光美丽，还是船只避风最佳之地。为此，在 70 多年前，英国、智利、阿根廷都在该岛建立了据点，都宣示了主权。为了争夺领土，三国甚至还动用了枪炮，互不相让。然而，1967 年的一

▲ 山巅之上留张影

▲ 胜利在望，兴奋极致。

次火山爆发，令三国的据点、基地乃至鲸鱼厂毁于一旦。自此，再没有人在岛上居住，也再没有哪个国家在此建站建点，所剩下的都是一些遗址，成了历史文物。"

在山顶休整片刻，我们开始下山。上山容易下山难，但我们坚持着，忍受着！下山过程中，仍有不少人还在半山腰向上爬，还有的准备回转，放弃登顶的机会。看来，攀至顶峰，也是体质的较量。

▲ 湖中湖

▽ 俯视梦幻岛湖全景，美得令人心醉。

下山后，大家都回到登陆点。按行程计划，还要举行一次别开生面的冰泳践行活动。看谁勇敢坚强，看哪个国家的强将多。来自各个国家的各路人士都跃跃欲试。

当组织这次活动的探险队长史谛芬·比尔萨克把下海规则刚刚讲完，东北亚一位矮个子男士率先脱衣准备下跳。见势，中国北京的杨金辉刚把上衣脱完还穿着裤子，突然一个猛子率先扎进冰海，岸上的人们还没有反应过来，杨金辉双手举起五星红旗高呼："CHINA——中国——万岁！""CHINA——中国——万岁！"……

◀ 激动万分，终于圆了南极冰泳梦。

▼ 冰海游泳比赛现场

太出乎意料了！岸上的人们都惊呆了，纷纷鼓掌！

接着，中国的金耀波、张涛、陆广等扑通、扑通，一个连一个跳了下去，就连带着脚伤的中国沈阳的戴有羽也猛然甩掉手中的拐杖跳了下去！

紧跟着，中国香港、中国台湾人士也接连跳水助威！

一时间，冰海里都是中国人，太振奋人心了！

梦幻岛！南极最美丽的火山岛！

梦幻岛！显示了中国人的坚强和力量！

温馨提示 | kindly reminder

大多数去南极的航船都要经过南设得兰群岛，岛上建有众多的科考站，被誉为"南极的首都""南极的地球村"等。各国科考站研究课题不一，通过参观可以详细了解南极深层次的东西，掌握大量南极知识。南设得兰群岛有众多的动物、植物、海鸟、冰山、雪原，几乎涵盖了整个南极洲的自然景观。南设得兰群岛还有一个独特景观梦幻岛，为一个火山口湖，可以游泳。特别提示，身体不佳者慎下，尽管海水是温的，别忘了天气是冷的，极易感冒。乌斯怀亚有直达南设得兰群岛的海航路线，乘船可去。旅行者也可从智利蓬塔阿雷纳斯机场乘飞机到达。

CHAPTER 6

南极半岛·伸向大西洋的白色玉臂

　　冰山、冰盖、冰川，雪峰、雪崖、雪原，冷天、冷风、冷光。这就是南极半岛！

　　千里冰封，万里雪飘，天地茫茫，满目皆是银白色的世界。这就是南极半岛！

　　银装素裹，原驰蜡象，纯然一色，一片极地风光。这就是南极半岛！

　　南极半岛，实际意义上的南极大陆，宛似一条雪白的玉臂伸向大海；犹如一把银白色的亮剑直指苍茫大洋冰海，搅得周天寒彻！

　　登上南极半岛，南极之行到达期望的顶峰，到达冰雪世界的极致，到达所崇尚的最高境界！这是地球上最美丽、最动人的地方，举世无双，无与伦比！

　　赏悦吧！这里是仙境之地、梦幻之景、另类世界……

穿越布兰斯菲尔德海峡

波涛逐浪翻卷，水花随浪飞溅。

与梦幻岛内的湖面截然不同，两重水域两重天，这就是布兰斯菲尔德海峡。

"前进"号探险船离开梦幻岛斩浪前进，一直向南推进。驶入纬度越来越高，气温越来越低，海平面的浮冰越来越多。下一站的目的地为南极半岛，登陆实际意义上的南极，或者说南极洲上的南极大陆，这应该是整个行程中的峰巅，把我们的情绪推向了高潮。因为南极半岛连着南极大陆，连着南极点，登上南极半岛等于登上南极大陆。

Latitude 65° 10.8S
Longitude 064° 17.9W

▲ 船上屏幕显示"前进"号探险船已靠近南极半岛

那么，南极半岛是什么样了呢？利用海上航行的空闲，船上举办了两场讲座，第一场介绍南极半岛的基本情况，由探险队员、地理学家安佳·爱德曼讲解。

安佳·爱德曼是德国人，已在"前进"号工作了10个年头，她的感受是：能够享有探索地球之端的工作是最幸运的，如果想体验美丽和宁静，没有比南极更好的地方。

安佳·爱德曼介绍，南极半岛也叫"帕默尔半岛""格雷厄姆地"或"奥伊金斯领地"，位于西南极大陆，是南极大陆最大、向北伸入海洋最长（至南纬63°）的大半岛。它东临威德尔海，西侧为别林斯高晋海，北隔布兰斯菲尔德海峡为南设德兰群岛，南接埃尔斯沃斯高地。南极半岛是一处冰陆混合的狭长地段，全长1300公里，总面积为18万平方公里。

▲ 大厅里的讲座

南极半岛的地形属于新生代褶皱带，基岩起伏不平，海岸曲折呈峡湾形，近海岛屿很多，为多山多丘半岛，其东岸山势更为陡峭高峻，山地冰川发育。通过海底山脉可将南极半岛至南奥克尼群岛、南桑德韦奇群岛、南乔治亚岛、南美洲安第斯山脉连成一蟠龙式的连续相接的山系。

讲到南极半岛的资源,安佳·爱德曼说,半岛及附近岛屿蕴藏着丰富的矿产,这里是南极大陆最温暖、降水最多的地方,年降水可达500—600毫米,局部可达到900毫米,有"海洋性南极"之称。西海岸有较多的"绿洲",生长着少量高等植物及苔藓、地衣和藻类,还发现有种子植物,这里植被最绿,动物和鸟类较多,有"南极绿洲"之称。

文森峰是南极半岛最高的山峰,也是南极洲的最高峰,海拔5140米。文森峰山体长21公里,宽13公里,距南极点1200公里。文森峰山势陡峭,终年冰雪覆盖,气候相当恶劣,冬季气温可达-88℃。曾有一位英国探险家攀登此山时因为寒冷而不幸遇难,登山前写下的日记是这样记录的:"我无法忍受那可怕的寒冷,根本走不出帐篷。只要走出去暴风雪立刻会把我们卷走埋葬起来。"文森峰由美国探险家艾尔斯渥滋于1935年发现。

1820年,美国的纳撒内尔·帕尔默和英国的威廉·史密斯及英国海军布朗斯费尔德航行穿过今布朗斯费尔德海峡时看到了该半岛,接着,美国和英国分别宣示主权。之后,阿根廷和智利也先后来到南极半岛,也分别宣布主权。而智利甚至把它列为本国的一个省。几个国家争执不休,直到1961年6月通过《南极条约》,冻结了所有国家对南极领土的主权要求。

安佳·爱德曼对南极半岛的讲解非常仔细,吸引力很强。

了解真正意义的南极半岛之后,要进一步了解几处登陆点,做到心中有数。为此,第二场讲座为南极半岛的景点。

南极半岛是伸向南极洲内地最长、最近的一块陆地,又有别样的气候、众多的动物、奇特的植物,成了旅游的黄金地段。目前,南极半岛有16处保护区、21处历史遗迹、18处观光景点。通常情况下,游船都把南极半岛作为终极旅游的落脚点。所设计的旅游路线，也围绕着南极半岛而定。当然，凡是到南极者，不可能把所有景点看完，因为南极天气变化无常，随时都可能遇到暴风雪的袭击，为此需根据气候而定登陆与否。一般旅行者遇上天气好能看 5 个景点就很幸运了，若是天公不作美，只能登陆两到三次，甚至有的连一次登陆的机会都没有，铩羽而归，留下甚至是终生的遗憾。

在前往南极半岛的海域上，大家聆听了探险队队长史谛芬·比尔萨克的讲座：南极半岛对外开放的几处景点——

特里尼蒂地（Terinity Land），地处南极半岛的最北端。如果把南极半岛比作一把利箭，那么特里尼蒂地就是利箭的顶尖部分，全长 130 公里。利箭顶尖还有两大岛屿作陪，分别是茹安维尔岛和罗斯岛。周围还有一些小的岛屿如雪丘岛、保利特岛和魔鬼岛等。这里还设有智利的贝尔纳多·奥伊金斯将军站、阿根廷的埃斯佩兰萨站等。

▲ 冰屋塌陷

丹科海岸（Danco Coast），地处特里尼蒂地南端的西海岸，全长 220 公里。丹科的名称源于在这里探险的比利时探险家艾米尔·丹科的名字。这里曾是探险家经常出没之地，现已开辟众多景点。丹科海岸分布着许多港湾、海岛、科考站，如古迪耶岛、福音湾、刚萨雷斯站、布朗海军

▲ 水上音乐厅

▲ 冰洞、冰垛、冰塔

▲ 寂寂冰山

▲ 檐雕

上将站等，是旅游的黄金路段。

库佛维尔岛（Cuverville Island），位于风景如画的埃雷拉海峡，拥有南极半岛上已知的最大的巴布亚企鹅栖息地。狭窄的埃雷拉海峡是往返于库佛维尔岛的一条壮观的航道，被植根于水中的冰山所环抱。当游轮在冰山间穿行时，从观景甲板环视四周，将惊喜地看到岸上筑巢的企鹅群。

彼得曼岛（Petermann Island），位于风景如画的潘诺拉海峡。彼得曼岛是冰山聚集之地，也是众多鲸鱼经常出没的地区，还能欣赏到横跨海峡前往南极大陆的雄伟景象。

威廉敏娜湾（Wilhelmina Bay），是一个美丽的海湾，湾的周围由群山和高大的冰川组成了一幅生动的景色，小浮冰和大冰山纵横交错。海湾是鲸鱼和海豹的觅食地，昔日是捕鲸业的一个主要基地。

南极海峡（Antarctic Sound），南极大陆巨大的冰架孕育着长达数公里长的平顶冰山，威德尔海强劲的海流将这些巨大的冰山送到南极半岛东北端的南极海峡。

布朗断崖（Brown Bluff），位于南极海峡岸边、南极半岛沿岸的最高处，顾名思义，这里的主要自然景观是一处高达 745 米的悬崖。高耸锈黄的绝壁是火山的起源，海滩上到处是熔岩"炸弹"。布朗断崖是阿德利企鹅、巴布亚企鹅、黑背鸥和岬海燕繁衍下一代的胜地，而威德尔海豹也是这里的常客。

普莱姆岬（Prime Head），处在南极半岛最北端，有"南极半岛第一岬"之称。它西南部的霍普湾被称作"南极半岛第一湾"，1952 年阿根廷在此建了埃斯佩兰萨基地站，站内建有 43 栋房舍，包括综合楼、通信站、邮局，还有一所小学，常住人口为 66 人。使这个站名气大增的是 1978 年在这里诞生了一个婴儿，成为南极第一公民，这是有史以来南极大陆首次成为人类出生地，被列为世界吉尼斯纪录。

除此之外，还有星盘岛、天堂湾、雷麦瑞海峡、拉可罗港、纳克港等，都是南极半岛的好去处。

史谛芬·比尔萨克在讲座中一边述说，一边放录像，图文并茂，宛如置身现场。有时候，看景不如听景。

两场讲座结束后，大家纷纷拥到甲板，一览探险队长叙述中的南极美景。

星盘岛突现海豹袭企鹅

"南极半岛到了！南极半岛到了！"

甲板上，群情激昂，欢声不住。上百双目光望着面前的雪山、沟谷，注视着露出海面的石峰。随之而来的是抢拍的相机镜头、闪动的摄像机。

广播声一再催促大家准备登陆，然而，人们迟迟不愿离开甲板，尽情欣赏半岛风光。

"前进"号探险船徐徐靠近南纬63° 17′、西经58° 40′一个叫星盘岛（Astrolabe Island）的地方。

　　南极半岛周边有很多岛屿，尤其是半岛西北部一侧，星罗棋布，就像明珠一样，镶嵌在半岛旁边。若要登陆南极半岛，须穿过众多的岛屿和峡湾。无疑，多彩的小岛和幽静的峡湾，给造访者提供了一道美丽的风景线。星盘岛，就是南极半岛其中的一个小岛。

　　犹抱琵琶半遮面。当我们从航船下到冲锋舟时，一眼望到对面小岛上的形似窝头一样的山被遮掩在白云中，半露山体，半被云盖。遮遮掩掩，不识庐山真面目，让人产生很多遐想：太美妙了！

　　当冲锋舟靠近小岛时，云消雾散，一排三座山头倒映在水面上，非常像桂林的山水，这应该是星盘岛的地标。人说"桂林山水甲天下"，我说"南极山水比桂林"！因为：桂林的山，没有雪；桂林的水，没有冰。这个差异更增添了南极山水风光的别异。更何况，这里的雪山下有企鹅，冰河里有海豹，动、静结合，产生的魅力更是无穷无尽。所以，南极的山水绝对可与桂林山水媲美！

▲ 星盘岛地标姊妹峰

在南极，每天都有新惊喜，每天都有新感觉，每天都是奇妙无比！

登岛后，给人的第一印象是：鹅卵石特别特别的多。那清一色的鹅卵石从岸边一直延伸到半山腰，在融化了的雪地上，显露出一片片、一层层。踩着鹅卵石前行，脚下吱呀做声，别有情趣。在南极大陆看到如此多鹅卵石的存在，使我们产生了很大兴趣。为此，我特意造访探险队长、地质学家史谛芬·比尔萨克，他拿起一块鹅卵石，说道："南极大陆的大陆架伸得很远，这个星盘岛在亿年之前被埋没在海底，因为海水的不断冲刷，流动的石块滚来滚去，便形成了众多的鹅卵石。"

▼ 沿着光滑的鹅卵石行走

随后，他指着山上的石块说："你们看，山上大大小小的石头多么光滑，这都是海水的作用，如果不是海水的冲刷，怎么会变得这样光滑圆润呢？"

星盘岛，鹅卵石的世界！我们从脚下随手捡起一块，细细品味，真像玉一般水润，没有一点瑕疵，真想带走一块，拿回家里收藏。但，不能，万万不能，这里是南极！世界特有的地带，只能一饱眼福。其实，只是观看欣赏一下也是一种享受！

当然，星盘岛大部分都被白雪覆盖，我们多是在雪地上行走。这里的雪，比梦幻岛、半月岛的雪厚多了。同样，这里也有"企鹅高速路"；同样，这里也有企鹅聚集地；同样，这里也是海豹的家园。

▲ 行至半山腰，驻足欣赏阿德利企鹅群。

▲ 企鹅与海豹在一起和平相处

当我们沿着"企鹅高速路"寻到企鹅的家园，又是黑压压一片。不过，这里主要是阿德利企鹅。我们看到，这些企鹅在一起，你忙你的，我忙我的，都在围绕着自己的小家庭：有的蹲窝孵化，有的叼食、备餐，还有的正兴建自己的"住房"即"鹅窝"。阿德利企鹅黑头、黑脑、黑眼睛，后背非常黑，看上去很精神。

在南极，由于经纬度的不同，气温的差异，企鹅的发情期、产卵期、孵化期也不尽相同。比如，有的地方企鹅还在发情，有的地方企鹅刚刚产蛋，有的地方小企鹅则已经诞生。而同一类企鹅也有差异，早恋、早产、早育的不同状况同时存在。

在星盘岛，企鹅纷纷把我们围起来，使得我们可以蹲在企鹅群中细细观察。由于这里的纬度偏南，很多企鹅正在建窝筑巢。企鹅尽管属鸟类，但它们的巢窝是用石块堆砌，而非杂草。

看吧！勤奋的阿德利企鹅用嘴叼来石块，一块一块堆积成窝，非常执着、用心。大千世界，无奇不有。之中，也有企鹅越规不守法的现象。我们在观察时发现，有一只企鹅在筑巢时不去远处叼石块，而是趁旁边的邻居不注意，叼走"他人"的石块；而正当它转身时，第三者又叼走了它的劳动成果。我们清楚地看到：你叼我

▲ 叼石块加固地窝

▲ 黑头黑脑黑眼，精神飒爽的阿德利企鹅。

的，我叼你的，这种现象大有存在，十分好笑，又十分可爱。看来企鹅也有自己的主意、想法，这种动作既聪明，又笨拙，还可笑。

为此，我们走访了旁边的鸟类专家曼纽·马瑞，他说："企鹅都是这样，有的企鹅不守规，互相拆台，有的闹剧出来后，还相互殴打、撕咬，争吵得不可开交。"说完后又补了一句："它们大都是守法则的，个别现象总是有的。"

下山的路上，我们见到了一头雪地上爬起的海豹，正在对峙着两只企鹅。只见海豹仰着头，瞪大眼睛，逼近企鹅。而此时的企鹅并没有在意，因为平时企鹅与海豹大都和平相处，没有冲突。突然，海豹纵起身子，瞪圆双眼，张开大口。而这时，企鹅仍无动于衷，仿佛什么也没有看见。骤然，海豹突地一窜，闪电般地一跃，一口咬死企鹅。就这么一刹那，就这么一闪念，就这么一瞬间，企鹅被袭击得这样迅速、这样残忍。海豹得势，饱餐一顿。可惜，因为太突然，我们没有抢拍到这一刻，真遗憾！

让人难以理解的是，当海豹袭击企鹅的一刹那，竟有企鹅传递信号，报警。顷刻间，众企鹅逃离，或向雪山上跑，或向海水里逃……

为何海豹会发动突袭？鸟类专家曼纽·马瑞告诉我们："通常情况，海豹是不会袭击企鹅的，但当海豹在十分饥饿的情况下，也会出手，特别

▲ 一海豹暗暗瞄上正在打盹的企鹅

▲ 海豹昂首挺立尾巴翘起迅猛偷袭，
企鹅发出嚎叫……

▲ 这只阿德利企鹅见到豹吃企鹅立
刻冲天吼叫报警

▲ 迅速逃离向山上跑

▲ 众企鹅侧耳细听被袭击企鹅的嘶叫
和报警声

▲ 迅速向海里跑

163

是在海水中，这种现象经常发生。因为在海下海豹活动特别自如。在冰上、雪地上，海豹一般都是吃饱喝足的休息状况，而在这种情况下袭击是比较少见的。"

看手表，还差 15 分钟就要登冲锋舟，必须要按时返回了。一般情况下，南极登陆时间不能超过一个半小时，除个别情况，不能延长。上一次登陆，有一个人延后 10 分钟上船，受到黄牌警告，若再次出现，将被取消登陆资格。这次登岛时间定为一小时，剩下时间乘冲锋舟近距离观看冰山。

我们按时返回登陆点，利用等冲锋舟的机会再拍几张照片。在南极，时间太重要了，到处都是可拍的风景，触手可及意想不到的石块、冰花、雪土，太吸引人了。当我们正在聚精会神拍摄雪地上爬动的企鹅时，身后传出一串纯净的童声独唱的声音。回头一看，原来是这次旅途中年龄最小的一位女孩。她在雪原上一边跳，一边唱，连四周的企鹅也都转过头来聆听。我们的照相机也同时对准了这位 12 岁的小姑娘。她叫英娜，来自欧洲，母亲为越南人，父亲是德国人。12 岁，是去南极年龄的最小限度，而年龄的最大限度还没有规定。

一串破冰声由远而近，冲锋舟开来了。我们登上一叶小舟，将享受 30 分钟的零距离欣赏冰山。

"嘟噜"一声响，冲锋舟一个大拐弯，一头钻进冰海里。凉风，在头顶嗖嗖掠过；浪花，拍打在脸颊和身上。尽管风凉，即便水打，仍抵制不住人们伸出的镜头。因为冰山太美了，美得让人心醉，美得让人发痴。

看吧：有的冰山像大象，像小羊，像庙堂，像竹林……

瞧吧：有的冰块像玉石，像白蜡，像高塔，像雪花……

这就是南极，这就是南极特色：冰山的世界，冰山的海洋，冰山的故乡。

不管风吹浪打，我自岿然不动。小舟，摇来摇去；风浪，袭来袭去；而小舟上的人们，把心、把眼、把镜头都对准冰山，拍啊拍！照啊照！镜

▲ 奇异的冰山近在咫尺

头湿了,不怕!帽子掉了,不怕!照吧!再没有这个零距离了,因为行程只安排了这一次,谁都不会放弃,哪怕是照得模糊一点、虚一些,但它总归是南极啊!

冲锋舟是围绕着星盘岛游转的。离开岛才知道,星盘岛周围还有许多小岛,这些小岛就像卫星城一样,遍布在大岛的东西南北。我们发现,在这些小岛上,同样有群居的企鹅,飞舞的海鸟,闲卧的海豹,数也数不清,看也看不够,赏也赏不完。甚至,脑子被弄乱了,是看企鹅海豹?还是看冰山冰石?冲锋舟上的人们,一会儿说:"看这里!"一会儿叫:"瞧那里!"大家目不暇接,不知所措,相机也不知该对准哪个方向。

兴奋之余，我发现了一个小秘密。在我们这个冲锋舟上坐有 8 名客人，其中有位 83 岁的老人，既不照相，也不摄像，只是看，一动不动地看，静静地细细地观赏，一声不响专注地品味。这才是一种真正的享受呢！把眼前的风光、景致，装在记忆中，印在心田里……

在我们返程中，回想起来，好像没看见什么。急急慌慌，紧紧张张，照了一大通，竟然没有印象。现在想起来，那位 83 岁老人的做法或许更高明，至少，他有印象啊！

所以，有人说：到南极，不能总拍照，一定要静下心来，多观察、多欣赏，把南极深深留在记忆中……

童话世界天堂湾

穿过冰山、冰石、冰块。

绕过雪山、雪岗、雪谷。

"前进"号探险船继续南行，迎面仍是大大小小的岛屿……

视野里，冰山越来越多，雪山越来越高，海冰越来越厚。

▲ 天堂美景

▲ 海中泳池

▲ 坦露峥嵘

所有这些现象都表明，我们的探险船在向南纬度高的地带行进，随着气候的逐渐变冷，周围的环境也在变化，徐徐渐进，南极特色愈加明显突出。

下一行程为"天堂湾"，顾名思义，一定是一个美丽的地方，是个风景极致的场地。中国有一句俗话：上有天堂，下有苏杭。佛教把天堂比作至高无上的极乐世界；基督教同样把天堂视为永恒幸福的世界。

"天堂湾"，那里将有如何绝美的景致，太令人期待了！

航船还没有行到天堂湾，船上的人们就开始议论起来：

"那里一定是个非常幽静的地方。"

"肯定是个海湾，海水当然平静。"

"应该比梦幻岛还好，要不为什么叫'天堂'呢？"

"那里雪山会有的，湖水会有的，企鹅会有的，而有没有房子呢？"

"天堂嘛，应该没有激斗，没有残杀，没有角逐……"

……

天堂湾的想象由此展开……

此时，时针指向 12 点 30 分，我们正在船上用餐。不同肤色的人，即使在餐饮时间，也不时地眺望着船外的海景，话题仍离不开"天堂湾"……

因为，开饭前船长发话："大家准备好相机，下一站的天堂湾，是各旅游船只必去的一个景点，它是南极最漂亮的景点之一，请大家不要留下遗憾，带足储存卡、胶卷！"

听船长这么一说，人们立刻兴奋起来，恨不得即刻就跨进天堂湾，把美景欣赏个够。甚至有些年龄大一点的老人，也兴奋异常，信手打开相机，看看储存卡还有多少存储量。

下午 2 点，船上传出广播声："天堂湾快到了，请大家提早做好准备。"

"天堂湾快到了！天堂湾快到了！"人们振奋地喊起来！

探险船通过一个名为杰拉许（Gerlache Strait）的海峡，一转身，到达了这个美得让人难以置信的迷人海湾——天堂湾。探险船走得太急了！弯转得太快了！人们还没来得急欣赏进口处，就一下子落入了梦景，不，应该是实景！我们，进入了早已向往的境地——天堂湾！

▼ 天堂湾登陆

天堂湾！一眼望去，真是名不虚传，太纯美了！太动人了！那雪、那水、那冰、那山，让人惊叹不已！一样的雪峰，一样的冰山，一样的冰海，为何在这里安排得竟如此之美妙？如何布置得这样之神秘？雪山在向我们招手，冰河已敞开胸怀，峰巅已点头示意，都在欢迎我们这些远方的膜拜者。

天堂湾美！大有静的韵味，好一幅静止图画：平静的水域，没有一点浪波卷起；静谧的滩岸，没有一点水的撞击；白的雪原，沉落在岸边一动不动。

天堂湾妙！大有动的韵律，好一幅动感画卷：企鹅蹒跚走进画面，海豹昂首闯入镜框，海鸟俯冲飞抵卷首。

人说世上天堂美，我说此地比天堂！

▲ 冰山上的小精灵

这时，探险队副队长伊娜·诺维妮女士走到我们的身旁，介绍天堂湾的情况。

天堂湾（Paradise Bay）位于南纬64°49′，西经62°52′，坐

落于丹科海岸南段，处在杰拉许海峡中布莱德岛和雷麦瑞海峡身后。天堂湾不仅是港湾的名字，更是对这里迷人风景的最佳描述。在杰拉许海峡的庇护下，港口免于大风侵袭。天堂湾的命名，起因于早年的一群捕鲸者，在一次风暴中被吹到这里，他们发现这个海湾可以抵挡住来自各个方向的风，而且环境非常优美，恰如天堂，就把它命名为天堂湾。天堂湾也是少数南极登陆点之一，能将半岛的风景尽收眼底。

天堂湾，洁白群峰环绕，冰雪悬崖拥抱。

这时，伊娜·诺维妮女士指着前方一处冰盖说："从那个岸边的冰盖登陆，一直沿着蔓延的雪原到山顶，再向南一直走，可以到达南极点，

▼ 爬向雪坡

▼ 不能超越红旗

▼ 奔向天堂湾高处

这是南极大陆边缘的一个点位，也是天堂湾唯一一处可以登上冰原之顶的地方。"

的确，天堂湾的海岸是南极大陆的边缘，也可说是南极大陆的开始，在这里登岸，可以把脚踩到南极大陆的地面上。

天堂湾共建有两个科考站，一个是智利的魏地拉站，一个是阿根廷的威廉·福罗恩站。

阿根廷站坐落于天堂湾的海岸边，背后是一条长长的冰原高台，这个条状高台，既像个半岛，又似一条白色光滑的臂膀，柔若无骨，伸向湾内。条状冰原上全部覆盖着洁白的冰雪，没有一点点裸露在外的岩石。远远望去，那白里透蓝，蓝里透白，蓝白交织在一起，鲜明、立体、壮观。如若再加上临海处点缀的几处深橘红色的房屋，诗意更浓，意境更美，真像身处在童话世界一样，绝伦佳地啊！

诗一般的境地，画一样的仙景，却也有令人遗憾的事件发生。那是1984年，阿根廷科考站的工作人员正在举行交替轮岗会议。工作一年了，谁不愿早日回到久别的故乡团圆呢？站长正在宣布轮岗人员名单，当念到一名医生继续留任一年时，这名医生突然精神崩溃，他再也忍受不住南极生活的孤独、寂寞，于是在夜半时分，突然放火，将科考站点燃。房子被烧，科考人员跑出去被困于冰冷的旷野里，几经呼救，几经求援，最后被美国的调研船只搭救，才保下命来。大火过后，灰迹遍地，狼藉一片。从此，科考站关闭。后来，阿根廷每年夏天都派人来此重修重建。但由于资金不足，建建停停，停停建建，最后只修葺了少部分建筑，科考站仍未恢复起来，现在只空留了两处橘红色的房子。每到夏季时节，他们会派驻人员接待客人。从另一个角度看，因为这里曾经发生过一段不寻常的"火烧事件"，也成为行者猎奇之地。

天堂湾，人间的天堂！因为深幽、雅静、神秘、奇妙。

天堂湾！人间的不幸！因为这里过度静默、沉寂，在极端的环境里，

▼ 下雪了，弥漫飞落的雪花，迷住双眼。迎飞雪，登高望远，拍下天堂湾全景。

个别人精神产生异常，发生了不该发生的事情，给人们留下遗憾……

天堂湾！如玉似镯，尽管有瑕疵，但，不失为南极最美丽、最漂亮的海湾！

雷麦瑞海峡：万重冰山轻舟过

午夜刚到，"前进"号大屏幕上中、英、法文交替显示——

时间：1月1日00：05：06。

天象：02：25：00日出，00：12：00日落。

坐标：南纬65° 04′、西经63° 57′。

行程：雷麦瑞海峡。

地质学家说："如果说天堂湾是南极最漂亮的海湾，那么雷麦瑞海峡就是南极最漂亮的海峡。"

雷麦瑞海峡（Lemaire Channel）处在南纬65° 04′，西经

63°57′，有人称赞它是世界上最美的海峡，比闻名于世的"挪威海峡""莫桑比克海峡"更有特点、特色、特貌，被誉为"冰山的故乡""奇妙的航道"。

▼ 航船徐徐进入雷麦瑞海峡

因为，在南极，雷麦瑞海峡两岸有雪峰，峡中有冰山。

雷麦瑞海峡起自于南极半岛丹科海岸南部佛兰德湾（Flandres Bay）南岸西端的雪纳尔角，终止于波斯岛（Booth Island）南端的克鲁斯岬。从高处俯瞰，一边是南极半岛西岸，一边是波斯岛，之间有一狭长的海峡，这就是雷麦瑞海峡，或称水道。海峡全长 12.6 公里，宽 1.6 公里，最窄处只有 200 米。

雷麦瑞海峡的发现要追溯到 1873 年，当时德国探险队来到这里首先发现了这个美丽的海峡。而第一次穿过它的是 1898 年的比利时探险家雷麦瑞，此后，便以他的名字命名。

当我们乘坐的"前进"号探险船刚刚驶进雷麦瑞海峡时，猛然进入一个冰山世界！这是我们来到南极后第一次看到这么多熠熠闪光的冰山：大的、小的；高的、矮的；宽的、窄的；长的、短的，通体透亮，鬼斧神工，简直是世界一绝！令人炫目……

▲ 静卧美人鱼

▲ 山间溶洞

▲ 冰雪歌剧院

▲ 引蛇出洞

"前进"号探险船在冰山的夹缝中穿行，冰山与船舷擦肩而过。

看上去，这些冰山各具特色，有的像宫殿，有的像石桥，有的像仙女，有的像灯塔。真是千姿百态、晶莹剔透……

"请闭上眼睛想象一下，冰冻的海面，形状各异的冰山，像童话里的

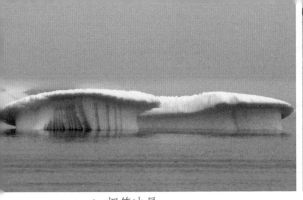
▲ 烟笼冰屋

▲ 曲项天歌

▲ 鲸头探视

▲ 风蚀刀刻

城堡，闪着幽蓝的光芒……一片寂静，只听到浮冰破裂的声音……"此时，我情不自禁想起了人物传记片《沙克尔顿》中的美丽的词句……

不是吗！传记片中的词句说得太贴切了，我的冰山……

冰山，冰山！看吧，欣赏吧！特别是那发着蓝色光芒的冰山，显得更加神秘、多彩，引人着迷又心醉，为之动容。来自中国秦皇岛的张艳波女士面对透亮的冰山，激情涌动，作诗抒怀：

白茫茫，晶莹莹，没有阴暗角落。

奇妙妙，梦幻幻，全是风雕浪塑。

静悄悄，寂籁籁，没有喧哗噪音。

喀吱吱，咔嚓嚓，只有冰山碰错。

质朴朴，自然然，绝无刀痕斧迹。

天玄玄，道悠悠，万物纯朴不惑……

面对大自然造化的万千冰山，游客们有的吟诗，有的作画，还有的默默低语。但更多的人在拍照、录像，将不同体态的纯美冰山纳入镜头，作为永久的纪念，永远地保存和收藏。

万重冰山轻舟过，千奇百怪撼人心。忽然间，一座"凯旋门"形状的冰山闯入眼帘。只见这座冰山方方正正，中间有一个拱形山门，这山门比人工砌的还圆、还齐、还规整。如果不留神，会给人错觉：怎么一座白色的"凯旋门"飘到这里来了呢？等到醒悟过来，猛然想到：这是南极，那是冰山……

▲ 凯旋门

婀娜多姿形有魂，神斧刀刻真如神。就在"凯旋门"后面，飘来一座白色"城堡"，它比真实的"城堡"还"城堡"。但见"城堡"冰山有塔楼，有城门，有房顶，让人难以置信的是竟然还有冰雕房檐立柱，太像城堡了！太逼真了！大自然怎么这样神奇呢？让人心驰神往，充满想象……

"凯旋门"也好，"城堡"也罢，它毕竟是"不动产"，固定的物体。而紧随其后的"白龙骏马"冰山，动的感觉，飞的架势，跃跃欲试的状态。那姿势，那风度，那体形，太像骏马了！昂起的头，抬起的腿，甩动的尾巴，在航船涌起的浪花中，忽上忽下，像奔腾的飞马，魅力无穷……

"动"中还有"动"，那是冰山上的企鹅、海豹，把这景致点缀得越发神秘、奇妙！更给冰山赋予了生命和活力。看吧：冰山上，或舞动的企鹅，或懒洋洋的海豹，或站立的飞鸟，无论数量多与少，都引得人们遐想无限。比如，有一头海豹，横卧在上百米高的冰山上，人们不禁要问：它是怎么跑上去的？难道没有危险吗？一连串的疑问，过后又产生奇妙想象，这就是大自然，这就是南极，这就是雷麦瑞海峡……

众多的冰山为平台状，像一张张纤尘不染的白色桌子，静静地漂浮在雷麦瑞海峡。这些冰山是从南极冰盖分离出来的，它们有的从南极大陆冰床和冰架的断面上脱离，在大海中漂浮、移动。据悉，南极的冰山多达20多万座，平均每一座冰山重10万多吨。冰山长度不一，面积不等，一般长上百米，大的长100多公里。1956年11月12日，美国探险船在南极发现的一座冰山长334公里，宽96公里，面积达3万多平方公里，相当于比利时国家的总面积。1987年，俄罗斯发现的一座冰山长280公里，相当于从北京到石家庄的距离。冰山顶部通常比较平坦，可以用作飞机跑道，可以行走链轨式推土机。

冰山是由南极大陆的降雪挤压而成。这些降雪经过长年累月的挤压，逐渐推移到冰川或冰盖末端，进而断裂、分离，漂进大海，形成冰山。

冰山！洁白如玉，身姿壮美，给南极增添了奇景。试想，如果南极没了冰山，将失去多少吸引力？但，冰山也给航船带来威胁和危险。1998年2月，中国去南极的科考船"雪龙"号遇到冰山崩裂，差一点折载冰海。20世纪初，著名的"泰坦尼克"号邮轮因撞上冰山而沉没，发生了震惊世界的惨剧……

雷麦瑞海峡之美，不仅仅在冰山，还有耸立在海峡两旁的雪峰。如果说冰山林立，那么雪峰则是列队峥嵘。它像白色的锯齿狼牙，将冰雪含裹，试与天公比高。雪峰间，同样有企鹅、海豹和飞鸟点缀，形成一幅立体的画卷，给海峡增添了无限生机，为旅行者揭开神秘面纱的一角。通过海峡的过程，就是折服于南极强大魅力的过程，带有几分诡异的气息，迷人而略显畏惧，更多的却是一种享受……

正当专心贯注于叠嶂的山峦时，两座体态相似山体突然呈现在面前。大自然真奇妙，这两座山峰除高矮稍有差别外，其形姿如一。双峰山、双塔山，更似兄弟山、姐妹山，两山紧紧依靠在一起，携手面朝美丽的海峡。而奇妙之处，还有它们的"头顶"，都"戴"有一样的"雪帽"，"身披"一样的"雪衣"，"脚踩"一样的冰架。这时，我们迫不及待地找到探险队长、地质学家史谛芬·比尔萨克询问，他说："这是雷麦瑞海峡最美的两座山峰，被誉为'情侣峰'，你看，它们还挽着臂、牵着手、并着肩，多亲密啊！这是雷麦瑞海峡的地标！"

原来如此！

▲ 雪山倒影

▲ 雷麦瑞海峡地标情侣峰，他们执手相看，凝伫在雪水冰山之上。

178

而说到地标，又引来很多人拍照……

雷麦瑞海峡之美，还在于它的倒影。看吧！雪峰的倒影，冰山的倒影，云彩的倒影……太震撼、太惊叹、太激动了！有的倒影非常清晰，水中的雪山、冰影，比真的还美妙！有的倒影，模模糊糊，曲曲折折，让你产生很多遐想。比真的还有吸引力！静的倒影，动的倒影，静、动结合的倒影，给人以不同的感知、感观、感想……

正当我们的注意力凝在水平面上一片碎小的白色冰块上时，忽然一阵凉风吹来，那"千树万树梨花开"之感，顿然袭来：真是赏心悦目，奇幻醉人……

两岸猿声啼不住，轻舟已过万重山。这里，不是寸断肝肠的"猿"声，而是冰架的撕裂声，因为这里是南极，而非长江三峡。而那撕裂音，是大自然的逆发在静谧中产生，给人以空旷神秘之感……

不觉，"前进"号探险船就要到达海峡的尽头。这里，又是别样的风光。众多的冰山，众多的冰块，汇集于此，大有万千冰石展风姿之感。冰山、

晶莹剔透 ▶

一池碧水

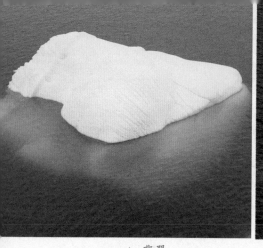

▲ 翡翠　　　　　　　　　　　　　　　　▲ 海豚飞舞

冰石、冰块在阳光照射下反衬出璀璨瑰丽的光芒！五光十色，洒向山峦，冲向天空，射向大海……

　　这，就是举世无双的雷麦瑞海峡——

　　神秘之峡！

　　奇妙之峡！

　　震撼之峡！

最有人气之地拉可罗港

　　披着晚霞，划破沉寂的水面！"前进"号探险船调转船头，停靠在拉可罗港水域。

　　拉可罗港（Port Lockroy）位于南纬64°49′，西经63°31′。一眼望去，雪山、冰海与天堂湾、星盘岛一样，而坐落在陆地上的房子却是异样：黑墙、黑顶，红檐、红窗。在南极这个银白色的世界，目光中突然闯入一座黑色的建筑，十分抢眼，设计者可谓独具匠心。这黑白相衬，色彩反差之大，给人留下极深的印象。这座黑色建筑是昔日的英国科考站，现已由南极洲遗产基金会改建为博物馆。

▲ "前进"号探险船停靠在拉可罗港英国科考站旁

▲ 雪山下的英国国旗和办公场地

在南极,有很多"港"的称谓,"港"即是从这里登陆的意思。拉可罗港就是海湾处的一个登陆口,是过去捕鲸者命名的地方。

拉可罗港处在古迪耶岛(Goudier Island),不远处是昂韦尔岛(Anvers Island),面积只有0.5平方公里,古迪耶岛不像昂韦尔岛那样有名气,但它因拉可罗港而逐渐扬名,尤其是那座英国所建的黑色房屋,自南极半岛开放后人气特别旺,成了南极洲最热门、最有人气的景点。

参观拉可罗港,不能不了解它的历史。它坐落的古迪耶岛,其实最初并非由英国人发现。那是1904年,法国探险家古迪耶和他的探险船"法兰"

▼ 这栋黑色圆桶式建筑是拉可罗港最大的一幢房子，为英国人的生活住所。

▲ 拉可罗港英国科考站工作室周边游闲的巴布亚企鹅群

▲ 竖立在拉可罗港的61号纪念碑，碑后的四位女士是英国科考队员。

号行至这里，发现此地风平浪静，是探险船和捕鲸人避风避难的极佳场所，于是这里慢慢成了捕鲸基地，并由挪威人掌控。"二战"期间，英国人来到此地建港建站，成为科考基地。1962年结束考察任务后，基地闲置下来。1995年，《南极条约》组织前来调查，认为这里留下的遗迹很有价值，便确定为历史遗迹保护地，并标记为61号纪念牌，编号为HSN0.61。之后，英国政府对遗迹加强了保护并进行了重修，里面还设立了购物商店和邮局，对外开放。这是在南极半岛开设的第一个购物场所和邮寄信件的地方，深得造访者欢迎。

说拉可罗港最有人气，就是因为这里有商店和邮局。我们首先走进商店，这是一个不大的房间，摆满了各种各样的纪念品，有衬衫、背心、绒衣；围巾、手套、毛巾；画册、地图、书刊；茶杯、水壶、圆碟；皮包、钱夹、领带。还有制作的毛绒企鹅、海豹、飞鸟等许多纪念品。虽算不上琳琅满目，但也是目不暇接。工作人员不断从里屋搬运出整箱货物，补充到货架上，客人争抢购买。可以想象此时人们的心态：南极一生或许只来此一次，何不买些纪念品带回去作为永久性的纪念？更有一些人有从众心理，看到这边排队，他来了；看到那边排队，他去了。不管什么纪念品，都要向购物篮里装。

企鹅是南极的标志和符号，商店里，最抢手的就是布绒小企鹅，有人买3个，有人购5个，还有人拿10个。这时，有一个中国客人竟包揽了大筐中的所有布绒企鹅，引发了欧洲人的赞叹：还是中国人的购买力强！布绒小企鹅做工精细、柔软，非常漂亮：黑背白胸，脖子上有一圈鲜艳的橘黄色，煞是惹人喜爱，且无异味，为此招来很多人抢购。

购货之余，商店的一名工作人员接受了采访，他说："布绒企鹅是最抢手的纪念品，每天出货两到三箱，不过货源充足，每隔一段时间邮船就

▲ 拉可罗港的人气商店

▲ 做工细致的布艺企鹅

会驶来送货。其他商品也是一样，卖得都很快，天天如此。"当问起每天的营业额时，商员笑而不答，只是说全部收入贡献给基金会。

邮局的场面更是红火！简直是人声鼎沸，热闹异常。大家争抢着购买邮票、信封、明信片。工作人员忙得不可开交，顾了东，忘了西，边数邮票，边加盖"南极纪念"章，真是一个人变成三头六臂也忙不过来。我几次寻找采访机会都不成，只好放弃，站在墙角一侧细细观察。这间邮局不是很大，墙上挂着各种邮票、明信片和信封，上面的图案大都是企鹅、海豹、海鸟、冰山等，方寸之地涵盖了所有南极特有的风光。从南极发出一封信，其价值不亚于买一件纪念品。且不说它的邮票升值空间，单从意义上讲，这是从世界极地发出去的啊！世上有多少人能从南极寄信？又有多少人能够接到来自南极的信函？这应该是无价之宝！不仅仅是邮票身价百倍，连盖有邮戳的信封也价值飙升，更何况还有很大的收藏价值。

为了邮寄，人们在认认真真填写信封上的收信人地址，生怕出现一点点差错。这时，旁边一位客人小声说："落款地址可千万别写南极，

否则会有人截留，一定要把寄信栏空出来或写上英国某地的名称，鱼目混珠才有可能收到。"这一提醒，在场的人觉得有道理，便把地址写成英国伦敦、英国博物馆等，还有人干脆写英国113信箱，巧妙把南极二字省去，让人产生模糊概念。据了解，

▲ 精心挑选明信片

拉可罗港每年夏天要为来访者盖 6 万多个纪念戳，这个工作量是何等的大啊！

岁月流逝，不忘过往。拉可罗港的博物馆收藏着英国人早期用过的物品，记述着他们当年的艰难历程。展品有发报机、电台、留声机、雪橇、旧棉衣、老照片及使用过的炊具、铁镐、木钉等，其中有的已有上百年，可谓历史沧桑。

拉可罗港还是动物的栖息地，有企鹅、海豹、贼鸥等，尤其有很多巴布亚企鹅，它们常与基地人员争地盘。在驻地的房前屋后，都是企鹅，它们在此筑巢下蛋，养育后代，与人和平共处，朝暮相伴。在巴布亚企鹅群，我们看到一幕幕非常刺激的场面，有的企鹅发现自己的配偶偷情时大叫，有的企鹅站在企鹅群里，像是发号施令，又似开会训话。鸟类专家介绍，企鹅有自己的语言，有自己的表达方式，大千世界无奇不有，有的企鹅确实不守规，搞第三者插足。

①一只雌企鹅和一只雄企鹅正在偷情　②原配发现后高鸣怒视大发雷霆
③领导讲话：不要越规……　④教训
⑤陷入沉思……　⑥重归于好，深情相吻。

巴布亚企鹅最明显的标志是头顶上有一块白，像条纱布一直连到眼眉。

南极人自有南极人的性格。英国人在此坚守《南极条约》确定的61号纪念碑，保护历史遗迹，他们每天工作都在16个小时以上，而且常常经受着狂风暴雪的袭击。他们克服了常人难以承受、难以想象的困难，磨炼了倔强、顽强的性格，为护卫这片历史遗迹奉献着！

我们特意走到雪地中，观看61号纪念碑，标牌上面写着：Welcome to Antarctic Treaty Historic Site No.61 British Base A，Port Lockroy。翻译成中文为：欢迎来到《南极条约》历史遗迹第61号英国科考站A拉可罗港。

距拉可罗港一步之遥的昂韦尔岛，建有帕尔默科考站，也很有看点，是南极半岛的主要观光之地。据拉可罗港的工作人员介绍："帕尔默站最让人追崇的是它的水族馆，将南极冰下的海洋生物和动物收进其内，展示南极特有物种在觅食、追杀、游玩中的情趣。"

帕尔默科考站为美国所建，科考站的名字及周围的群岛均取自美国探险家帕尔默的名字。那是1890年，美国探险家帕尔默开着"英雄"号探险船第一次来到这里，最先发现了昂韦尔大岛和它周围的小岛，为此以他的名字命名了帕尔默群岛和帕尔默科考站。科考站建在主岛昂韦尔岛的东南边。

举目远望帕尔默科考站，那也是一处珍贵的遗迹。但愿后人可以保护好它，留住历史的记忆。

▼ 蠢蠢欲动，活蹦乱跳。

天色渐暗，夜幕降临。离开拉可罗港后，狂风骤起，飞雪突降。我们回首眺望，那座聚有人气的英式黑体建筑，迎着凛凛寒风，顶着滚滚雪浪，依然矗立在雪野中……

从纳克港走向南极点

冰雪的天地，冰雪的世界。这就是纳克港。

纳克港，更具南极特色，更有极地风光。

当"前进"号探险船在雷麦瑞海峡转向安沃尔湾停下来时，我们看到前面海湾里的冰块如此之多，山上积雪覆盖如此之广，岸边雪崖如此之高。这又一次验证：随着纬度的南移，雪的厚度以及冰的数量都在不断加大。这里要比天堂湾、拉可罗港的冰、雪大得多，温度也低得多。

我们走出船舱，第一感觉是风特别大，气温特别低。当乘冲锋舟向对岸靠拢时，几乎是在冰堆里穿行，耳边响起咔咔嚓嚓的冰块撞击声。小舟将冰块分离两边，舟尾劈成一条无冰的航道，引来海燕竞相飞扑追逐，紧

▼ "前进"号探险船停靠在纳克港水城

188

◀ 乘冲锋舟破冰而行

登陆纳克港 ▶

盯着我们这些远来之客。

纳克港（Neko Harbour），坐标南纬64°50′，西经62°33′，比起拉可罗港，它又向南移动了一个点位，距南极点又近了一步。

纳克港的发现和使用要追溯到1898年，比利时的探险家第一次从这里登陆，之后捕鲸船经常来往于这里。纳克港的名字起因于一条捕鲸船纳克（Neko）的名字。

当冲锋舟刚刚靠岸，"轰隆"一声巨响，撼动天地，惊心动魄，震耳欲聋！此时，我们一个个都被吓呆了。惊恐之余，这才发现脚下的海水已涌起十多米的大浪。朝着声响望去，一处巨大的冰架正从山脚裂开，塌陷到海里。我们的第一反应：这是雪崩！是坍塌！

这时，探险队长史谛芬·比尔萨克把我们聚集起来："听见了吗？这就是雪崩！太危险了！我们越是往南走，遇到雪崩的机会就会越多、越频

①摇摇欲坠的冰山
②突然，"轰隆"一声巨响，冰雪崩裂，雪坡下沉，雪崩了……
③下沉……
④轰然倒塌的雪山，撼动天地，惊心动魄。
⑤坍塌吓倒企鹅
⑥美丽的港湾恢复平静

繁。大家千万要注意，听到雪崩声响后要迅速离开海滩，向高岗走，向山
上爬，你们要知道，雪崩会造成船只损坏，对到访者生命也会造成威胁。"

随后，他又补充了一句："请记住，谁也不能单独行动，要结伴而行，更

不能擅自到雪架上去拍照，以免不测。若万一出现问题，左边有阿根廷人修建的避难所，在万不得已的情况下，可到里面避难。"

说到避难所，南极大陆有很多。避难所为避难者存放着一些生活必需品，如食品、燃料、御寒服、通讯器材等，这是为各国科考人员建造的。因为在南极，随时会遇到暴风雪，这种恶劣天气一般持续一天，最多三天。遇到这种情况，科考人员可以避难。我们看到，避难所的大门没有上锁，人们可以自由出入，随便吃里面的东西。当然，只有在遇到不测之时才可以。

随后，我们开始爬雪山。

刚要迈步，史谛芬·比尔萨克又说："从这里走，一直向南，可以走到南极点。你们知道吗？我们的脚下，就是南极大陆，实实在在的南极大陆。纳克港是南极大陆仅有的几个登陆点之一，并不是所有地方都可以登上南极半岛或者说南极大陆。"

"从纳克港走到南极点，还可以穿越到另外一边，你们听清了吗？"史谛芬·比尔萨克又一次重复。

当大家听说从这里可以一直走到南极点时，都激动了起来！大有

▼ 我们的脚下就是南极大陆，从这里一直
向南，就可以走到南极点。

别样的感觉：我们是行走在南极大陆，真正的南极大陆，而不是外国的岛屿。

"从纳克港走到南极点，那我们开始走吧！走啊！向南极点冲刺！"有人兴奋地喊！

精神的力量是无穷的，信念的力量是无比的。大家群情激昂：我们登陆的是纳克港，走的这个地带可是丹科地带啊！丹科地带是南极大陆上一个颇有名气的地方。此间，我们感到无上光荣、骄傲。因为，南极一行，这里应该是我们的最终目的，即登上南极大陆！

沉浸在兴奋之中，却没有注意到周围环境，抬头远望方看到千里冰封，万里雪飘，天地茫茫，纯然一色，又是一片童话的世界：山是白的，地是白的，冰山是白的，大海是白的，银装素裹，一片极地风光。人们不由发出呼唤："这里才是真正的南极！真正的南极！"

的确，自赴南极以来，还从来没有像今天这种感觉。当然，不仅仅是心理上的。看吧！山上的雪把岭地裹得严严实实，没有半点裸露；脚下的雪，已经没过膝盖。一路走来，还从没有踩过这么深的雪地；一路走来，还从没有遇到这么漂亮的雪景；一路走来，还从没有见到过这么多冰的海面。

特别是雪地、冰山和海滩上的企鹅，成千上万，昂首列队，仿佛热情欢迎着远方的客人。那阵势，那场面，让人动容、震撼！

这种画面，这种境地，这种感觉，从未有过，无以言表。大家兴奋，吃惊："我终于见到南极了！就此而言，心满意足了！"

"开怀吧！投入您的怀抱！"

"欢畅吧！醉倒在南极的雪地上！"

"发狂吧！把所有的烦闷抛弃！"

"忘记吧！甩掉狭隘和自私！"

……

大家都在释放！

激情奔腾四射！

充分享受自然！

这里，绝对堪与梦幻岛媲美；这里，绝对不同于南乔治亚，深厚的雪覆盖的味道太刺激了！每走一步，都要把腿从雪窝里拔出来，每移一步，都要把脚插到半米深的雪地中，非常艰难，但充满挑战。试想，伴着雪山雪地，陪着头上飞鸟，望着远处冰海，人生在世，有什么能比得上此时此刻呢？管他什么世事人情，管他什么物欲浮华，有什么能比得上这种震撼呢？别忘了：这是在南极！走南极！行南极！人生能有几回？

为此而激动！为此而开怀！为此而醉幻！当人的精神极限达到一定程度时，就会爆发，就会释放，就会破闸。

不出所料！来自中国唐山的张涛骤然被周围的雪景所迷恋，所倾倒，一下子"发疯"了！突然，他把上衣脱下，甩出去，赤裸着身子，在雪地上打起滚来！动容地说："南极！南极！"激动地只叫着这两个字，却说不成一句话……

▲　"登陆南极，是我终生的愿望……"

▲　"我到南极大陆了！"

▲ "南极大陆，就在我的身下！"

　　惊喜兴奋，像淘气的小孩子一样。

　　有车就有辙，有前就有后，有样就有仿。此时，中国的金耀波见状，也瞬间脱掉衣服，躺倒在雪地里发狂！发疯！接着，包括中国领队杨金辉等多名同行者，纷纷扒掉衣服，赤裸上身，激动地在冰天冷地里"雪浴"。滚啊！爬啊！顿时，南极雪地成了大家发狂之地，释放之地，过足瘾，一吐痛快！放松、放松、再放松，释放、释放、再释放……

　　只见中国的戴有羽打出条幅"登陆南极"……

　　只见中国的陆广、张艳波展出条幅"相亲相爱"……

　　只见中国的高峰打出"勇者无畏"……

　　只见中国的陈凤霞打出"探索南极"……

　　……

　　大家多是有备而来，更多是展示五星红旗。总之，在这里展示条幅，

194

最有意义。而展示条幅的身姿，多种多样。有的躺在雪地，有的蹲在雪山，有的趴在雪坑，尽展风采。

这是兴奋至极的表现。而还有一部分人呢？我们把目光又定位在一个山岗上。一位八十岁开外的年长者，坐在山石上，一动不动，静静欣赏着眼前的雪山、雪地、雪峰，不去照一张相，不去摄一段影，只是品味、品味、再品味，体察、体察、再体察，把风光印刻在记忆中……还有的跳到冰海里游泳。

▲ 德国83岁老翁动情凝望……

▲ 冰泳

当我们爬到半山腰，看到一处山梁顶，空出一座篮球场那么大一块裸露的平地。谁能想到，即使在海拔这么高的岩石上也依旧有那么多的企鹅，而且四周全是雪地呀。仔细观察，发现企鹅驻地通向海边有多条"企鹅高速路"，少说也有 5 公里之长，只见一只只企鹅，嘴里叼着磷虾，艰难爬行在"企鹅高速路"上。执着啊！南极的企鹅！

雪地上的企鹅群，成了大家拍照的背景，而且是极佳的背景。试想，雪地照上千万张，之中没有企鹅，谁能相信是南极呢？全世界有很多雪山，但那不是南极的雪山，只有添上企鹅的雪山画面才是南极。为此，这里一度成了拍摄场地，大家排成长串在这里照相，更有人说："以往照的只是南极周围岛上的企鹅，这里才是南极大陆上的企鹅！"

▲ 站在雪山高岗仔细观察企鹅

▼ 山顶上的巴布亚企鹅群

不到长城非好汉！现在终于爬上了南极大陆上的雪原，一定要抓住这个机会，雪山、企鹅一起照，拍一张标准的南极照。

真的，这张照片太有南极特色和味道了！脚下踩的是厚厚的积雪，身后背景是企鹅、雪山、冰河！太棒了！哪怕只照了一张相片呢！它代表的是南极，真正意义上的南极！这样心底才会踏实，才会满足，不会留下任何遗憾！

不仅仅是个人照，就连集体照这里也成了再好不过的背景。只见英国人、德国人、法国人等都在照合影。当然，中国人也不例外。

▲ 中国南极探险者在南极半岛纳克港山巅雪原展示五星红旗向祖国问好

无限风光在险峰！我们继续上爬，一步挨着一步，身旁风景一处接着一处，真是百步不同天啊！

当爬到山顶制高点，又是一处空地，又是一群企鹅！真是天外有天，山外有山，景外有景。南极啊南极！照不尽，赏不完，看不全，望不断……

但是，我们决不放弃。又一轮"激战"开始了！排队，照相，摄影，投入了新的"战斗"……

这时，有人在作诗，在朗诵。

> 南极，我投入了您的怀抱！
>
> 南极，我与您难舍难离！
>
> 南极，收留了我吧，
>
> 南极，让我们永远在一起……

顺着朗朗诗句，中国北京的杨金辉走过来，对大家说："不是从这里可以走到南极点吗？那咱们一起走一程吧！踩着脚下的积雪，体验体验走向南极点的感受。"

恰巧，伊娜·诺维妮也走来说："好！我给你们探路。"

于是，我们排成一队，朝着南极点的方向踏步，向前……

▲ "我相信从这里一直跋涉定能到达南极点……"

此时，同行的张艳波激动万分，她向大家说："我编了一首歌，题为《从这里走向南极点》，为鼓舞斗志，我给大家唱唱。"

踏雪原，过雪山，

从纳克港走向南极点。

鼓足勇气，敢冒风险，

希望梦想成真到达南极点。

战风雪，斗严寒，

从纳克港走向南极点。

昂首阔步，一直向前，

但愿捷足先登走到南极点……

婉转的歌声，在冰海雪原飞飘，在南极上空荡漾……

温馨提示 | kindly reminder

对一般旅行者而言，到达南极的最终目的是到达南极半岛，踏上南极大陆。对于一般船只，大都开到南极半岛为终止路线。南极半岛沿岸及周边海峡、岛屿、港湾布满20多处景观，是旅行者的最好去处。站在南极半岛，从心情、感觉、状态上就是不一样，面对大片大片的企鹅、成群结伙的海豹、满天飞舞的海鸟，加之众多的冰山、冰川、冰盖，令人陶醉、迷恋！激动之时，千万别忘了：接近企鹅的距离不能小于5米！特别提示：冰架坍塌、崩裂的现象时有发生，遇此情况一定要向高处跑，远离海岸线。

CHAPTER 7

南极大陆：冰雪覆盖的白色世界

　　一片白色的荒漠，一片白色的大陆，白色、白色，还是白色，皆是白色的世界……

　　这就是南极大陆！

　　南极大陆是指除了周围岛屿之外的陆地，它包括了南极半岛、威尔克斯地、毛往皇谷地等，分布着高原、高山、丘陵、谷地，面积1239万平方公里。

　　南极大陆95%被冰雪覆盖，冰盖厚度达2000多米。揭开这个"白色大陆"的神秘面纱，谈何容易？

　　为此，世界上一些国家包括中国除在南极大陆周围岛屿建立科考站外，还在南极大陆乃至南极内陆建站，勘察探索。

　　为此，世界上很多探险家为采集标本，穿越南极大陆，进军南极点……

揭开"白色大陆"的面纱

一束金色、轻柔的阳光，披洒在南极大陆……

"前进"号探险船在南极大陆北侧海域航行……

甲板上，人们眺望着南极大陆，沉寂在风光里，沉醉在欢乐中……

大家久久不愿离去，难舍难分……

▼ 虽然寒风刺骨，
却抵挡不住美
景诱惑。

▲ 寻找最佳拍摄地点，留住这白色的世界。

这时，地质学家、探险队副队长伊娜·诺维妮走来对人们说："利用这个机会，我向大家讲述一下南极大陆。"她说："我们前面的陆地就是南极大陆，上去可以走到南极点，这是众人渴望之地。然而，由于环境恶劣，气候异常，再加上高压缺氧，走进南极大陆中心地带是可望而不可即的。一般的南极之旅，遇到不良的天气情况，只能在周围小岛看看而已，就连南极半岛都不能登上，更不用说走进南极大陆中心地带了。今天，我们能够登陆南极半岛纳克港，这个点位就在南极大陆上，你们是非常幸运的！"

"南极半岛、南极大陆、南极内陆和南极洲的概念是不一样的。南极洲包含南极内陆、大陆、半岛及周边所有的岛屿和海域。而南极内陆并不包括半岛，更谈不上岛屿。了解整个南极大陆及内陆，是个循序渐进、由外向里的过程。"

伊娜·诺维妮接着又给大家讲述南极大陆的情况。

南极大陆又称"白色大陆"和"白色荒漠"，非常神秘、奇妙。许多人会不禁问：为什么是"白色荒漠"？没有任何植物怎么还会有大量煤矿和天然气？……一系列问题，让人难以理解。这要从南极大陆的形成说起。

▲ 雪野中的废弃瞭望塔

▲ 屹立冰峰

关于南极大陆的形成，全世界的地质学家都在研究。1912 年，德国的气象学家阿尔弗雷德·魏格纳提出"大陆板块漂移论"。他通过地表岩石考察分析认为，在很久很久以前，地球上的大陆是连在一起的。大约 5 亿年之前，地球南面有一个称作"刚瓦纳"的超级大陆块，它包括了今日的南极洲、澳大利亚、新西兰、非洲、南美洲及印度。而当今地质学家认为，大约在 1.8 亿年之前，"刚瓦纳"大陆块开始慢慢分裂漂离，而形成今日以上各大陆、亚南极陆块及岛屿，南极大陆约在 4500 万年前漂流到南极点附近成形，澳大利亚和新西兰在 9600 万年前最后从"刚瓦纳"大陆块分裂出来。直到今天，各陆地仍然以每年 6 厘米乃至 1 米的速度继续漂离。科学家们曾分别于陆地发现的岩石、矿物、动物化石与南极大陆恩德比领地的海岸一带相同。而印度半岛东岸及斯里兰卡一带有与南极极为相同的结晶岩。同时，在新西兰、澳大利亚的塔斯马尼亚及南美洲的阿根廷发现了同样的榉树林。同样，在今日南极大陆所纵贯的山脉，可发现与澳大利亚、印度、南美洲同样的动植物化石。

南极大陆不仅被称作"白色大陆"，还被称为"地球的风极"。南极大陆上的风刮起来非常大，而且很恐怖。一般 12 级台风，仅在大洋上而且是热带风暴区才可能出现，在大陆上是很少出现的。而在南极大陆上经常出现大风暴，平均风速为每秒 100 米，比 12 级台风大 3 倍还多，破坏力相当于 12 级台风的 10 倍。有人比喻南极的风是"杀人的风"，一点也不过分。各国科考人员最怕这"杀人的风"，因为南极的风会带走人体的热量，更可怕的是把人刮得无影无踪，危及生命。1960 年 10 月 10 日，在南极的日本昭和科考站有位科学家叫福岛，这天他走到站外去喂狗，突遇每秒 35 米的暴风雪，将他卷走。直到 7 年后人们才在 4 公里外的雪地中找到他，尸体还保存完好。

南极大陆还有"冷极"之称。一般人认为北极比南极冷，或者说北极和南极冷的程度相当。其实不然，南极比北极冷得多。因为南极大陆海拔高，

①南极大陆聚集着成群的帝企鹅。帝企鹅是唯一在南极大陆越冬并繁殖后代
　的企鹅，又称皇帝企鹅，是南极洲体态最大的企鹅，形似王企鹅，非常漂
　亮动人。
②迎风雪，抗严寒，帝企鹅紧紧贴在一起。
③帝企鹅时时刻刻守护着自己的幼子
④英姿勃勃、绅士气度、庄重高雅的帝企鹅。

它的平均海拔为 2350 米，比平均海拔 950 米的亚洲还高得多。海拔高的
原因是 95% 的陆地被冰雪覆盖，如果去掉冰层，高度会降到 410 米。因
为海拔高，所以温度就低，南极成为世界上最寒冷的地区。这里平均气温
为零下 25℃，比北极低 20℃。南极内陆地区的年平均温度为零下 57℃。
到目前为止，所测到的南极大陆最低气温为零下 89.6℃，这是在新西兰万

达站测到的。这样低的气温，连钢铁也会变得像玻璃一样脆。如果向外倒一杯热水，还没落地就变成了冰块。

在南极大陆，最受关注的是南极点，它是地球的最南端，为南纬90°，是地球自转轴和地球表面的交点。在南极点，太阳一年只升落一次，有半年太阳永不落，全是白天。太阳在离地平线不高的地方绕南极点一圈一圈地转，一直不落下，这种现象称之为"极昼"。反之，有半年见不到太阳，全是黑夜，称之为"极夜"。在南极点，把太阳两次从地平线升起之间算作一昼夜，极点一昼夜刚好为一年。极昼是从春季最后一次日出到秋季第一次日落的一段时间。在南极点，极昼天数为183天，极夜是182天。也就是说，太阳在农历秋分升起，半年后在农历春分落下。

南极点的海拔高3800米，冰雪厚度2000米，年平均气温为零下49℃，夏季平均气温零下32℃，冬季平均气温零下78℃，最低气温零下89℃。南极点建有美国科考站，至今世界上有3000人到达过南极点。

探险队副队长、地质学家伊娜·诺维妮女士讲述过后，愉快地接受了作者的专访——

问：您对航海有兴趣吗？

答：非常有兴趣，特别是远航，我对大海有一种特殊的感情。因为我出生在瑞典和挪威交界的一个渔村，面对的是茫茫大海。

问：您学的什么专业？

答：地质。

问：在"前进"号探险船工作了多少年？

答：快十年了。

问：请谈谈您的工作情况？

答：很有意义。我非常喜欢我的工作，简直是一种享受，每天面对不同的笑脸，解答不同的问题，感到很充实。现在中国客人多起来，中国人很友好，很亲近！我们两国人民之间的感情是浓厚的。

问：您去南极最远处到过什么地方？

答：最远到达南极半岛，要说纬度，最远为南纬66° 33′。那里风光更美丽，更精彩，一片银白色的世界，特别好玩。但越向南走，危险度越大，有时，意想不到的情况随时出现。

问：意外情况多吗？

答：很难说，去年我们去南奥克尼群岛就遇到了暴风雪。因为回撤及时，没出安全问题。

问：十年来，在南极有没有碰到过有意思的事呢？

答：给你讲一个企鹅偷吃巧克力的事吧。有一次我去南极半岛普莱姆岬，坐在企鹅群旁的山石上休息。当时我正在入神地欣赏前方的雪山美景，入了迷。突然感到有人动我的衣兜，回头一看，一只企鹅将我兜里的一袋巧克力叼走急跑到企鹅群中。这可使我犯了难：决不能让企鹅吃掉啊，可又不能走进去。揪心啊！揪心！正在无计可施之时，鸟类专家曼纽·马瑞走过来，他把路标竹竿接长，从企鹅群中扒出巧克力来。这才让我吁了一口气。

问：是不是常年在船上工作？

答：不是的。冬季在南极，夏季到北极，一年工作180天。

伊娜·诺维妮今年38岁，还没有成家。家中有父母，还有一个姐姐。父亲是一名医生，母亲为教师。父母都很支持她的工作。

伊娜·诺维妮还对作者讲述了一些到南极工作的困苦，特别是没有时间交男朋友，为此至今也没有找到一个合适的对象。说到心酸时，伊娜·诺维妮伤感异常，甚至流下了眼泪……

向中山站、昆仑站、泰山站致敬

"前进"号探险船在南极大陆边缘海域继续航行。

在四层讲座厅，探险队队员、地理学家安佳·爱德曼正在讲述南极的科考站。

作为世界大国的中国，在南极建有多个科考站，这是中国人的骄傲！为此，中国游客都在专注地听取地理学家的讲述。

为揭开南极大陆的神秘面纱，许多国家在南极大陆都建有科考站，特别是在南极大陆的内陆，设法占据一席之地，了解探索南极之谜。安佳·爱德曼讲述的重点，就放在了南极大陆及内陆。

中国长城站建在南极大陆之外的岛屿上，而中山站和泰山站建在了南极大陆上，昆仑站则建在了南极的内陆。

在听讲座之余，我回想起前几天在中国长城站采访的情况，忆起了中国中山站、昆仑站的建设……

中国中山站是于1989年2月26日在南极大陆建成的，这是中国首次进驻南极大陆建站，比长城站纬度高多了。

中山站坐标为南纬69°22′24″，东经76°22′40″，位于东南极大陆伊丽莎白公主地拉斯曼丘陵的维斯托山，距离北京12553公里，与北京的方位角度为32°30′50″。中山站所在的拉斯曼丘陵地处南极圈之内，位于普里斯湾东南，西南距艾默里冰架和查尔斯王子山脉几百公里，是进行南极大陆科学考察的理想区域。周边有澳大利亚和俄罗斯科考站。

中山站要比长城站漂亮得多。一眼望去，一杆两米多高的方向标竖立

▲ 中山站新貌

在站前，标杆红白相间，顶部为企鹅和熊猫的造型，既可爱又漂亮；下面的木制方向标指向祖国各大城市并标注里程，如天津 12493 公里、石家庄 12317 公里、上海 11741 公里、广州 10701 公里、香港 10602 公里、台北 11007 公里等。特别引人注目的是站前的一块巨石，上面镌刻着三个红字：中山站。那是中山站的地标。中山站是以中国民主革命的伟大先驱孙中山先生的名字命名的。

目前，中山站的建筑面积为 5800 平方米，建有办公栋、气象站、宿舍栋、科研栋、文体栋、医务室等。常住科考人员 25 名，夏季升至 60 人。由于中山站位于南极大陆，气象变化因素与长城站差别较大，特别的寒冷干燥，但更具备南极极地气候特点。其极端最低温度达零下 36℃，年 8 级以上大风天数达 174 天，最大风速 43.6 米 / 秒，全年晴天的天数要比长城站多得多。中山站有极昼和极夜现象，连续白昼时间 54 天，连续黑夜时间 58 天。

极夜容易产生极光。极光是发生在南北极上空奇特而美丽的自然现象。受太阳影响，高能量带电粒子与离地面 100 公里的高空大气层中的稀薄空气分子发生猛烈冲击，将大气分子激发到高能级，发出耀眼的可见光，这就形成了极光。随着南极夏季的结束，南极日渐显现出寒冷的一面。有年初春，中山站地区天气晴朗，3 月 2 日凌晨，绚烂的极光在中山站的星空中迅速变化，神奇壮丽，蔚为壮观。

中山站建成后，中国人并未因此而止步不前，原处停滞，而是朝着更高的目标努力。

向内陆进军！在内陆建站！占领制高点！

从科学考察角度看，南极有四个最有地理价值的点位，即极点、冰点（即南极气温最低点）、磁点和高点。此前，美国在极点建立了阿蒙森－斯科特科考站，俄罗斯在冰点建了东方站，法国在磁点建了迪蒙维尔站，只有高点空缺，尚未建立科考站。

为此，中国瞄准了这一宏伟的目标，全力向高点挺进！

2005 年 1 月 18 日，中国第 21 次南极考察队首先进入南极高点进行

▼ 中山站的"油罐脸谱"

了为期 130 天的考察活动。

2008 年 1 月 12 日，中国南极考察队再次登上南极高点，为建站做了最后的冲刺。

2009 年 1 月 27 日，中国向全世界宣布：中国南极昆仑站竣工建成！

为什么叫"昆仑"站？这个名字是当时经过网络征集而来的。因为"昆仑"在我国历史文化中具有重要意义，"长城"是我国著名的人文景观，"中山"是取伟人的名字，而"昆仑"则是自然景观。这三个名字相得益彰。此外，该站建在南极大陆的最高点，而"昆仑"则意味着高山，象征着制高点。

昆仑站坐标为南纬 80° 25′ 01″，东经 77° 06′ 58″，海拔 4087 米，是人类在南极建立的海拔最高的科考站，位于南极内陆冰盖最高点冰穹 A 西南方向 7.3 公里。

海拔 4087 米！这样高的海拔，而且处在南极内陆，其环境条件可以想象。据悉,这里年平均温度为零下60℃,夏季温度零下35℃,含氧量仅为内地的60%,被科学家称为"不可接近之极"。

然而,海拔高、气温低恰是观测气象的最佳条件,这里具备地球上最好的大气透明度和大气视宁度,被国际天文界公认为地球上最好的天文台址。此外,这里还可以检测到全球大气环境,获得可用于改进全球大气环流模式的有关参数,是探测臭氧层空洞变化的最佳区域,是对南极地质研究最具挑战意义的地方,极有可能敲开南极科学巅峰之门。

南极洲常年被冰雪所覆盖,迄今各国建成的50多个科考站大多位于南极大陆沿岸的露岩区或周围的岛屿上。只有美国、俄罗斯、德国、日本、法国少数国家拥有内陆科考站。中国建成的昆仑站是世界第六座南极内陆站,填补了南极内陆最高点建站的空白,实现了中国南极科考从南极大陆边缘向南极内陆扩展的历史性跨越,使中国跻身国际极地考察行列,标志着中国已跨入极地考察"第一方阵"。

中国在海拔4087米的南极内陆冰盖的最高点建站,它与经线交会的南极极点、全球温度最低的南极冰点、地球磁场的南极磁点并称为南极科考四大"必争之点"。

▼ 银装素裹的南极大陆

昆仑站的建成也是人类南极科考史上的又一个里程碑！

昆仑站主体建筑面积350平方米，有办公、观测、医务、厨房、浴室、制氧等建筑，其中共有10间宿舍，每间不足5平方米。宿舍的设计类似火车包厢，分为上下铺，可住两人。最大的房间为30平方米的活动室，既可开会，又可当餐厅，还是娱乐场所，驻站人员可在这里充分交流，以缓解内心的孤独感。因为昆仑站周围上千公里都是无人区，景观极为单调，四周全是白茫茫一片，给人一种与世隔绝之感，易造成心理压力。为此，专家特意设计了大空间活动室，同时室内的装饰多为温色和艳丽色调。

昆仑站比之中山站、长城站更有特点。从远处看，橘黄色的昆仑站拔地而起，与白色的雪原形成鲜明的对比。站前的五星红旗更加耀眼，在极地上空高高飘扬。在昆仑站站前广场上竖立着一座"南极华鼎"，给人以厚重、凝重之感。上面镌刻着这样一段文字：

在南极内陆建站，将实现中国南极科学考察从南极大陆边缘向大陆腹地的历史性跨越，是中国南极科学考察史上一座瑰伟的里程碑，也将是中国对2007-2008国际极地年作出的杰出贡献。第25次中国南极科学考察队于2009年1月在冰穹之巅建成中国南极内陆昆仑站，旨在拓展考察区域，勇攀科学高峰，为人类和平利用南极创立丰功伟业。华兆硕果，鼎志盛世。值此建站之际，特立华鼎，以为纪念。

看到风雪冰冻之中的"南极华鼎"和它后面艳丽无比的昆仑站，可以想象，建站是何等的困苦、艰难，而谁又能知晓其中隐含着多少血汗？

国家一级作家张锐锋曾专门为昆仑站建设写了一部报告文学《鼎立南极》，详尽讲述了中国建设者挺进南极的日日夜夜……

中国南极昆仑站，显示人类的杰作，展示中国的力量！

昆仑站建成后，中国同样没有停止建站的步履，在以后几年中，仍在采点，准备再建科考站，寻求南极新的研究课题，扩大南极勘探范围。

2012年，中国赴南极科考队精心考察，确定了建设第四个科考站的位置。

选址位置坐标为南纬 73° 51'，东经 76° 58'，位于东南极内陆冰盖伊丽莎白公主地区域，海拔 2621 米，距中山站 522 公里，处在一个 1900 米厚的冰层之上。新站建成后将增强自动化和高科技方面的研究应用，加大清洁能源的应用比重，将成为南极考察站中高科技和环境保护示范站。

那么，中国第四个科考站起个什么样的名字呢？赴南极科考队领队曲探宙说，围绕名字的问题，国家海洋局进行了多次研究和讨论，最后决定采用"泰山"二字。泰山是中国五岳之首，被联合国评选为世界自然与文化遗产，在国内和国际具有很高的知名度。曲探宙说："在昆仑站的全国征名活动中，'昆仑'排名第一，'泰山'排名第二，所以此次选择了'泰山'二字。"

泰山站是中国继长城站、中山站、昆仑站之后的第四个南极科考站，名字叫得同样响亮。

2013 年 11 月 7 日，中国南极科考队和泰山站的建站人员乘坐"雪龙"号航船从上海码头启程，奔赴南极。

▼ 雪地考察

2013 年 12 月 18 日，"雪龙"号靠近南极大陆。本次科考队副领队夏立民介绍，他们登陆后遇到了少见的连晴天，为运输货物创造了顺利条件。建站车队每天早晨 8 点钟出发，承载着重物，碾压着雪盖前进。队员们滑着雪橇，情绪高涨，满怀信心，每天行进 70 多公里，晚上 10 点多才休息。

2013 年 12 月 24 日，建站队伍及科考人员经过长途雪地跋涉，终于到达泰山站建站地点。泰山站坡向朝西，处在冰面平坦的地域，雪丘、雪垅较少，是个理想的建站地点。当日，稍加休整后，泰山站的工程建设正式展开。

这次泰山站的主体建设任务由宝钢集团承担，他们一到驻站点就进入紧张的组装工作。为了确保工期，他们出发前，在上海进行了泰山站建筑物的预搭建，用了 40 天才组装完。之后，他们又将主体部件拆卸，打包上船。南极不同于上海，南极作为地球上海拔最高、温度最低、风速最大的大陆，气候极其恶劣，施工人员面临着严峻挑战。他们抗缺氧、抗紫外线、抗严寒，团结合作，克服常人难以忍受的困难，尤其在高海拔环境中，4 个人只能抬 50 公斤重的冰芯箱，5 个人共同用力才能挪动 200 公斤油桶。因为工期有限，不能延误，必须在 2014 年 2 月初建成。

在规定的工期完成，谈何容易？施工人员首先做好"冰基"基础，即在冰面上挖一个面积 200 平方米、深 2 米的基坑，采用筏板技术将冰盖处理好。然后在冰坑之上开始主体施工，将泰山站牢牢矗立在 1900 米厚的南极冰上。

经过一个多月的奋战，中国南极泰山站终于在 2014 年 2 月 8 日胜利竣工建成！

中国在南极建成的第四个科考站引起了世界关注。美国《星条旗报》刊发文章说："中国在南极正日益活跃，紧锣密鼓地建立永久性科考站，对极地进行勘探，这不仅仅是经济上的，还显示出中国国力和军事影响。"

▲ 泰山站雄姿初现

▲ 泰山站造型像大红灯笼，鲜艳夺目，矗立在茫茫雪原。

不管怎么样评说，中国在南极建站的决心不减。据悉，这次南极考察队还将考察罗斯海地区，为中国第五个南极科考站选址！

徒步穿越南极大陆

"前进"号探险船在南极岛屿之间穿行。

船上的人们或在甲板上观光，或在咖啡厅消闲，或在健身房习练。

阅览室里同样有不少人驻足。在这里，我发现一张关于横穿南极大陆的图片，其中穿越者有一位中国人，这立刻引起我的极大兴趣。

从南极大陆的一端徒步穿行至另一端，这是世界上第一次组织穿越南极大陆的大胆壮举，是人类有史以来第一次尝试。

参与这项活动的有美国、俄罗斯、中国、英国、法国、日本6个国家的6名勇士，他们共同组成国际横穿南极考察队，探险南极。其中的这位中国人名叫秦大河，他是中华民族的骄傲。

因为图片文字有限，我利用船上的卫星电话，打通了秦大河所在工作单位的电话，了解了秦大河穿越南极大陆的大致脉络。

秦大河，1947年出生于甘肃省兰州市，地理学家，研究员，中国科学院院士。他曾长期从事冰川和极地研究，多次组织南极、北极及青藏高原科学考察。

这次南极徒步大跨越引起全世界公众的关注。

考察队于1989年7月16日从美国出发，秦大河与其他5位队员乘飞机经古巴、阿根廷、智利，于7月24日快要降落南极洲乔治王岛的马尔什基地时，由于气候异常，飞机一头扎进跑道一米多深，发出震耳欲聋的声响。机身随即破碎、断裂。当6名科考队员从报废的机体里爬出来时，已是大汗淋漓。但很庆幸，他们都安全抵达，幸免于难。

当时，秦大河接受采访时说了一句话："大难不死，必有后路。"他有意把"福"改作了"路"。

路！指的就是南极科考之路，探险之路，徒步极地之路。看来，秦大河的心思，一直挂在横穿南极之路上，即使在经历那样的惊险之后。

1989年7月28日，这是一个不寻常的日子，也是让全世界人们关注的日子。秦大河一行6人，从南极半岛顶端的海豹岩出发，去实现人类横穿南极大陆的梦想，去完成极地探索的伟大创举。

这确实是人类的伟大创举！从南极半岛的顶端海豹岩启程，要穿越南极点、俄罗斯东方站，最后到达南极大陆另一端的俄罗斯和平站，全长5986公里。

5986公里，是在南极，是在极地。要穿越的是雪原、雪山、雪峰、冰盖，而且要冒着极度严寒，极度缺氧，极度狂风，极度暴雪，其艰难程度可想而知。一旦出现麻烦和不测，走不掉，甩不开，出不去，救不了。只能……

对于这些，时龄42岁的秦大河都想到了，也早有心理准备。他对家人，特别是父母和妻子，该说的都说了，该交代的都交代了。

困难是不可回避的。起行的第一步秦大河就遇到了难题：不会滑雪，更不会使用雪橇！这时，秦大河犯了难，这也是他根本没有想到的。一个全程跨越极地的探险者，若不会使用雪橇，靠两腿踩雪前行，那猴年马月才能到达终点呢？何况，踩在雪地上，一脚下去就是膝盖深，连拔出来都困难，别说走路了。

秦大河被远远甩在后面……

这怎么能成呢？此时，法国同伴返回，给秦大河当起教练，几经摔打、磨炼，秦大河总算掌握了使用雪橇的技能。

度过"雪橇"关，秦大河和同伴一起狂奔在茫茫雪原上。

晚上，他们8点住橇。搭帐篷，烧开水，作总结，10点入睡。第二天清晨起来，首先要刮掉衣服上的冰，清理帐篷上的雪。然后，继续前行。

在行进过程中，还要不时停下来科考，这是他们穿越极地的主要任务，并不是走走而已。6个人担当的考察任务不尽相同，秦大河的项目是采集极地"雪样标本"。所以，他每每停下来，都要用铁铲挖下一米多深的雪坑，再在不同的方位、深度取出雪样，包扎起来，以供回国后研究。

"驯狗"，同样耽搁了秦大河的行程。

每个人要带重500多公斤的"粮草"，靠人背是不现实的，只能靠狗来托运，其工具为木制托架，由12只狗组成托运大军。

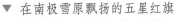
▼ 在南极雪原飘扬的五星红旗

72只狗，浩浩荡荡，威威武武，蔚为壮观，一路向前。

而秦大河的"狗群"不听指挥，拉偏套，走斜路，步调完全不一致。这次，秦大河又拖了后腿。

这时，俄罗斯同伴甘当教练，使秦大河又过了"驯狗"关。

雪橇顺了手，驯狗有了方。秦大河如鱼得水，如虎添翼。

在雪原、冰盖、谷地、岗坡的不同方位、地点，秦大河都要取样，他一路上边走边挖。

就这样走啊走，挖啊挖。

一天过去了，五天过去了，半月过去了……

时而晴天白日，时而乌云密布；时而雪原平地，时而雪崖冰缝；时而风平雪静，时而暴风狂雪……

迎着气候变换，迎着温度差异，6名探险队员向前，向前，一直向前！

经过4个多月的艰难行进，他们终于在12月12日到达南极大陆的中心地带——南极点。

6名探险队员为此而兴奋、激动！

他们在雪地上狂欢，在旷野里高歌，与狗共舞。

▲ 冲刺，冲刺！秦大河视野中的南极点。

此时的秦大河，顿感筋疲力尽，他筋骨皆放松，全身都轻巧起来。实际上，他的体重这时已下降了 15 公斤。

在南极点稍加休息后，他们继续前进。

从南极点到俄罗斯的东方站共计 1250 公里。

这一段路被称为"难接近地区"，也叫"生命禁区"。因为要经过南极最高的冰盖区域和最冷的冰点地区。

出发了！经受更大考验的时刻来到了！

走啊走！雪原一直向天空上倾……

行啊行！天际一直向雪原下压……

极地海拔上升到 4000 多米……

冰盖高度即将达到极限……

高原缺氧骤然袭来……

高原反应接踵而至……

停步吧，万万不可！

坐下歇歇吧，绝对不行！

秦大河何不清楚，在高海拔行进，停下来就走不动，坐下去就起不来。这意味着什么呢？意味着死亡！这在红军长征爬雪山时早已被验证。

何况，秦大河六上西藏，对于高原反应早有准备。

为此，秦大河顶住、顶住、再顶住；坚持、坚持、再坚持……

经过努力，他顺利通过了冰盖最高区域。

这，才放下心来！

然而，下一段冰点，更为严峻。

因为对于秦大河来说，这是破天荒第一次！

6 人考察小分队在"难接近地区"继续行进……

冰点地域正在靠近。

气温还在下降。

寒气步步逼来。

零下 40℃、零下 45℃、零下 50℃……

空气凝固了！

吸进的是冷气，呼出的是冰粒。

此时，秦大河的双腿几乎被冻直，双肩几乎被冻僵，全身几乎被冻硬……

此间，秦大河已采集 668 件标本……

经过全身心的努力，他们直奔冰点，终于到达了俄罗斯东方站。

度过了最困难最艰辛的 1250 公里路段。

接下来，秦大河和他的队友又经过艰辛的跋涉，于 1990 年 3 月 3 日 20 时 10 分，最后到达南极大陆的另一端——俄罗斯的和平站，行程 5986 公里的大穿越宣告结束！前后用去时间 220 天，从而完成了人类有史以来第一次国际合作横穿南极大陆的伟大壮举。

秦大河采集 800 件"标本"，列 6 人之首，创最高纪录！

▲ 交流到达南极点的体会

这是一次伟大的穿越，卓绝的穿越，非凡的穿越，在人类史册上载入光辉一页！

当 6 名勇士持各国国旗在终点合影留念时，一张张胜利的笑脸永远定格在南极大陆的冰天雪地里……

进军南极点

伴着腾起的浪花，随着飞舞的海鸟，"前进"号探险船正在举办一场异乎寻常的怀旧活动。在通向餐厅旁的展览厅，船长指着墙上的巨幅照片，详细地向大家讲述阿蒙森进军南极点的艰辛……

展厅里，摆放着昔日用过的雪橇、相机、衣袋、图标。

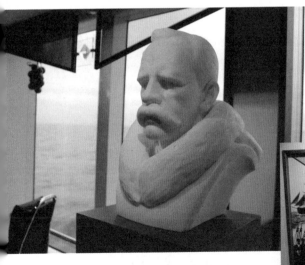

▼ "前进"号探险船展厅悬挂着阿蒙森征战南极点巨幅照片片段图解

▲ 阿蒙森雕像放置在"前进"号探险船大厅

人们一边听讲，一边看实物，将思绪倒退到阿蒙森时代——

阿蒙森是世界上第一个到达南极点的人，它的壮举轰动了全球！

造访南极，探险南极，到南极去旅行，首先要了解南极，是谁发现了南极？是谁最早登陆了南极？是谁首次到达南极点？

其中，人们最为关注的是：谁第一个冲击南极点？因为南极点是整个南极洲的中心地带和最具神秘色彩的地方。

阿蒙森冲刺南极点成功了！才能、胆识和气魄令人敬佩，同时也体现了他顽强的精神和坚韧不拔的毅力，更是"意志"和"智慧"的完美诠释。

阿蒙森1872年出生于挪威南部的萨普斯堡，年轻时他放弃了医生的职业，转而改行做极地探险。他曾在穿越北极海域中探险开辟了"西北航道"，探索出北磁极的准确位置，还参加了"贝尔吉克"号南极首次越冬探险。

探险，对于阿蒙森来说具有极大的吸引力。

1909年，阿蒙森正在组织力量准备探险北极点时，听到美国探险家罗伯特·皮尔里准备捷足先登南极点的消息，这时阿蒙森决定放弃北极，选择挑战南极点。

1910年8月9日，阿蒙森出发了，离开挪威，一路向南行驶。

经过两个月的航行，阿蒙森一行经过了智利的合恩角，继续南下。

1911年1月4日，暗渡陈仓的阿蒙森和他的船员悄悄驶向南极的罗斯湾东海岸，在鲸湾安营扎寨。

1911年10月19日，阿蒙森和他的同伴共5人正式向南极点进发，他们共带着5架雪橇、50条爱斯基摩犬，每天能走30公里路程。

他们顺着东经163°前进，10月26日到达南纬80°，并在此设置第一个供给站，从雪橇上卸下粮草，以备回来时食用。之后，连续在南纬82°、南纬83°、南纬84°分别设置供给站。

阿蒙森很幸运，天公作美，一路晴天白云，风和日丽。他们一路行军，一路欢歌，还欣赏南极特有的雪原风光。

　　一路走来，不仅天助我也，而且几乎一马平川。阿蒙森一行乘着狗拉雪橇和踏滑雪板前进，行速由每天 30 公里增加到 40 公里。

　　越过南纬 85° 后，他们爬上一座海拔 3340 米的雪山，这算是一路走来最困难、最艰辛的一段路程。

　　12 月 7 日，他们到达南纬 88° 23′。阿蒙森在此之前走过并到达的纬度，应该说并不是创举和奇迹，因为英国探险家沙克尔顿曾经冲刺到这里。而之后走过的每一步，将是阿蒙森踏出的人类探秘南极史上的崭新脚印，是在走前人从没有走过的纬度。

　　1911 年 12 月 14 日，新的奇迹出现了！

　　这是一个伟大的时刻！阿蒙森一行终于到达了南极的极点！

　　阿蒙森激动地跳起来！喊起来！唱起来！队员们相互拥抱，庆贺胜利！

　　他们在极点上堆起了石块，插上挪威国旗。

　　在离开极点时，阿蒙森特意在极点上留下一封信，如果在回途中遇到不幸，这封信可以作证。

　　阿蒙森胜利了！阿蒙森成功了！骤然，阿蒙森的名字被全世界铭刻！

　　说到这里，不能不提斯科特，他也是征服南极点的英雄！

▲ 阿蒙森和他的同伴到达南极点

　　正当阿蒙森庆贺胜利之时，斯科特正在奔赴南极点的途中……

　　斯科特 1868 年出生在英国德文波特，为极地探险家。1901 年，斯科特曾与沙克尔顿深入到南极罗斯海麦克默多海峡中的罗斯岛，并由此登上南极大陆探险，以此积累了丰富经验。

1910年6月，斯科特率领英国探险队从英国起航，发出进军南极点的号令，拟创造第一个到达南极点的壮举。

1911年6月6日，斯科特和他的探险队员到达南极麦克默多海峡安营扎寨。其实，他距阿蒙森宿营地并不远，但他并不知晓。

◀ 自阿蒙森和斯科特到达南极点后，世界上不少勇士进军南极点。中国的张晓林等10名强者于2013年12月4日23点24分冲刺到南极点。图为张晓林跳起疯狂呐喊："我终于到达了南极点！"

◀ 目前，南极点旁立有一标牌，上面写着阿蒙森和斯科特到达南极点的时间。牌子后面是美国建造的科考站。

1911年11月1日，斯科特正式从营地出发进军南极点。他选择这个时期，主要是考虑这是南极夏天到来的时期。从11月到来年2月是行走南极的最好时期。

斯科特携带了许多挖掘标本的工具，一边走一边采集植物和矿物标本，用来研究南极地貌。

前半程他们也遇到了比较好的天气，一路顺风。

随着征程的拉长，斯科特一行不忘采集标本，边走、边挖、边采，付出了巨大精力和时间。等到后半程，天气发生变化，狂风暴雪骤起，风越刮越大，雪越下越厚，他们遇到了南极少有的暴风雪，这令他们举步维艰，寸步难行。然而就是在这种恶劣的天气和环境中，他们依旧没有被困难所吓倒，毅然与狂风冰雪作斗争，同时还不忘采集标本。

1912年1月17日，斯科特一行忍着极大的痛苦，克服了常人难以克服的困难，饱受着饥饿和冻伤的折磨，最后以惊人的毅力到达南极的极点！

"我们到达了南极点！到达了南极点！"大家在欢呼！在庆贺！在跳跃！

到达极点的兴奋是难以控制的，尤其是经过痛苦的磨难，心绪更加激动！

然而，他们突然发现了阿蒙森垒起的石堆和石块压着的信件。

晴天霹雳！面对突如其来的打击，斯科特晕倒了……

他的梦想骤然成了泡影！第二个到达意味着什么呢？

这简直是一场悲剧！

这简直是一场噩梦！

探险队的队员们都深感失望，低头不语，后悔懊丧。随后，他们将英国国旗插到极点，转身踏上1300公里的漫漫归程……

归途中，情绪的低落，精神的颓废，心灵的创伤，使得斯科特一行一蹶不振，再加上又遇狂风暴雪和恶劣的天气，使得他们雪上加霜。队员埃文斯因精神打击太大而死去，另一队员奥茨因严重冻伤不幸离去……

途中，只剩下斯科特和其他两位队员。3月20日，暴风雪加重，气温降到零下40℃，这使得他们寸步难行，不得不停下来，扎帐篷避难。

而恶劣的风暴无止无休，气温再度连连下降。

弹尽粮绝，死神逼近……

1912年3月29日，斯科特3人走完了人生最后一程，永远长眠在南极大陆的冰天雪地里……

致此，斯科特一行全军覆没……

当人们找到斯科特一行的遗体后，还发现他们身旁留下了所采集到的18公斤的植物化石和矿物标本，还有斯科特手写的日记……

3月29日，斯科特在日记中写道："我们是在冒险，可惜天不遂人意，但我们没有什么可以抱怨，现在已没有什么更好的办法。我们将坚持到底，但我们越来越虚弱，结局已不远了。说来很可惜，恐怕我不能再写日记了，看在上帝的面上，务请照顾我们的家人，请把这本日记送到我妻子手中……"

斯科特给妻子凯瑟琳的日记是这样开头的："亲爱的，这里有零下70多华氏度，极其寒冷。我几乎无法写字。除了避寒的帐篷，我们一无所有……你知道我很爱你，但现在最糟糕的是我无法再看见你——这不可避免，我只能面对，面对死亡，我没有任何遗憾和后悔。如果有合适的男人和你共同面对困难，你应该走出悲伤，开始新的生活……"

在生命最后一刻，斯科特非常惦念自己3岁的儿子彼得，他在日记中写道："可能我无法成为一个好丈夫，但我将是你们最美好的记忆。当然，不要为我的死亡而感到羞耻，我觉得我们的孩子会有一个好的出身，他会感到自豪。"

斯科特顽强的精神和悲壮的功绩，永远刻在南极探险的年轮上。特别是他们在极端困难的环境里所采集到的那18公斤标本，即使在最艰难的时刻，他们也没有抛弃，一直带在身边，这对研究南极地质所作出的贡献和价值是无法估量的。

斯科特的离世，令英国国王也下跪悼念，称之为真正的英雄！

阿蒙森的胜利与斯科特的悲剧一度在世界上产生强烈反响，同时也引发了一连串不同声音和议论。

有人赞扬阿蒙森：要看效果，不能看精神。

有人颂歌斯科特：要看精神，不能看效果。

但更多的人觉得不公平，认为：使用同一种交通工具，在同一种天气条件下，采集同一样标本，同一时间出发，这样的结局才可能令人信服。

不管怎样，阿蒙森和斯科特都是不折不扣的英雄。

为此，美国人在极点建立的科考站，站名取了两个人的名字，一个不少。

▲ 美国科考站建筑离地8米，形成气流，防止雪埋。

产生不同议论是可以理解的。阿蒙森与斯科特因为所遇情况不一样，所以没有可比性。这就像斯科特与沙克尔顿一样，都是英雄。沙克尔顿尽管没有到达南极点，但他的价值在于拯救了所有探险者的生命，从这个意义上说，沙克尔顿的名声也不亚于斯科特……

　　对于南极大陆，最引人关注的点位是南极点，那是地球的最南端，为地球自转轴和地球表面的交点。在南极点，半年时间是白天，半年为黑夜，最低气温零下89℃，连钢铁也会变得像玻璃一样脆。世界上第一个冲击和到达南极点的人是阿蒙森，目前美国在南极点建有阿蒙森－斯科特科考站。追寻和到达南极点不是梦，可从澳大利亚乘飞机到达南极罗斯岛上的麦克默多站，然后再乘美国的"大力神"飞机飞抵南极点。去南极点每年只有一次机会，费用为10万多美元，需提前8个月报名预定。目前世界上到达过南极点的人数为3000人。

CHAPTER 8

德雷克海峡：咆哮的西风带

　　看看这一连串吓人的名称吧："杀人海峡""魔鬼海峡""咆哮的海峡""夺命的海峡"……

　　够了！听了让人毛骨悚然，望而生畏，着实让人捏上一把汗！这就是世界上最凶险的德雷克海峡。

　　然而，去南极，或者从南极返回，都要穿越德雷克海峡，这是必经之地，谁也难脱这一险关！世界上的事情往往是这样：要想得到，就要付出。要去南极欣赏世界上最美的极地风光，就要经受一次严峻、乃至生死的考验！有时，经历也是财富。无限风光在险峰，大自然总是把最美好的风景回报给敢于历经磨难的人们。

　　不过，德雷克海峡水域也有平静的时候，就看你运气如何。或去，或回，都有可能遇到，那就赌一把吧！但愿一帆风顺……

恰遇暴风海浪

"前进"号探险船正在返航！向着德雷克海峡！

一提到德雷克海峡（Drake Passage），便使人望而生畏，产生忧虑。这一海峡因为风浪太大，被冠以"死亡走廊""咆哮的西风带""风暴之地"等一系列凶险的名字。仅听听这些字眼，就让人毛骨悚然，退避三舍。

不是吗？就在这个夺命的海峡，沉过多少船？死过多少人？不计其数：

挪威的捕鲸船曾沉没于此；

英国的猎豹船在这里全军覆没；

西班牙的海盗船没有逃脱暴风的惩罚；

美国的探险船遇难于海浪之中；

……

▼ "前进"号探险船刚刚进入德雷克海峡，海水尚平静安谧。

尽管现在的航海技术非常发达，但经过这里的船只仍是如履薄冰，如临深渊，小心翼翼……

德雷克海峡北起南美洲南端，南到南极洲南设德兰群岛，宽 970 公里，长 300 公里，是世界上最宽的海峡，也是世界上最深的海峡，深度为 5248 米。如果把中国的华山和衡山叠放到海峡中，连山头都不会露出水面。德雷克海峡风大的原因在于它处在西风带，处在太平洋、大西洋交汇口。这里没有大陆阻挡，又受地球自转的影响，还有南印度洋气流回旋，刮起的大风都在八级以上，而且大风刮起来无止无休，形成的巨浪直接威胁着来往的航船。

说到德雷克海峡的发现要把历史倒退至公元 1577 年，英国的航海家、冒险家弗朗西斯·德雷克来到这里发现了这一海峡，并以他的名字命名。德雷克出生于 1540 年，卒于 1596 年。他一生酷爱航行，走遍了世界各大洋，他发现的德雷克海峡对人类是一大贡献。

了解到德雷克海峡的情况，心理自然有了准备。

"前进"号仍在返航……

天气还算好，大海尚平静……

一般情况下，凡是从乌斯怀亚去到南极的，去程和返程都要经过德雷克海峡。而我们这次南极之行是绕道马尔维纳斯群岛和南乔治亚岛及南奥克尼群岛到南极的，来时省去了穿过德雷克海峡，但回程逃脱不过，这是必经之路，没有其他任何选择。所以，我们要经受一次严峻的考验！

返程了，大家本应该满载快乐而归，但，因为这个德雷克海峡，人们的心里压力很大，心情并不轻松，因为就要经受考验了。不仅仅是我这样想，每一个人都在为避免晕船而操心，比如说：不要吃得过饱，不要喝水过量，不要过于疲劳，备好晕船药等等，其中还有一条，就是要减少心理作用，别被"晕船"吓住了。这就像去西藏一样，还没有真正到达高海拔，就开始"反应"起来，其实这主要来自心理作用，而非其他因素。

不管怎么说，总是避不开德雷克海峡这一关口，必须要越过这道天险。

转眼间，"前进"号探险船已进入南极半岛与南设得兰群岛之间的布兰斯菲尔特海峡，向着南设得兰群岛全速前进！

沉寂的大海展示出一张平面的海景：蓝天、绿海、白云；海燕、海鸥、信天翁；优美的地平线，漂动的航船，清冷的海风……

▲ 碧水蓝天，海鸟翻飞，风卷船旗。

▲ 戏水啄食的海鸟自由自在

切都那么平静，一切是那么自然。

"吱——"！突然，一声汽笛！不！这是报警！警报器拉响了！尖声尖气，震耳欲聋！我们还没有反应过来，习惯性地去抱救生衣，似乎是在几秒之间，大家都拼命跑出船舱。只见船门、甲板、船道、船台都是穿红装带救生圈的工作人员。

"怎么了？出了什么事？"我们莫名其妙，突然紧张起来！

正当我们无所适从之时，有人回应：船上工作人员正在进行"实战"救生演习，以防轮船过德雷克海峡时出现不测。

▲ 面对突袭风浪，船上工作人员全副武装，进行"实战"救生演习。

听到这一解释，忐忑不安的心才平静下来。

然而，这一演习，更增加了人们的心理负担：看来，过德雷克海峡真得要小心了！为什么船长这么重视呢？这是到南极以来第一次这么紧张，这样惶惶。

"管他呢？紧张也没有用，车到山前必有路，反正我们这一百多斤都在船上，最多就是壮烈呗！"这时，有人表现出无所谓。既来之，则安之。

"其实，到了翻船那一步，穿什么救生衣也没有用，这是在德雷克海峡，不同于一般大海，没法施救，生存的希望几乎没有。"有人这样说。

"停！坐船不要说'翻'，开船人包括坐船人最忌讳说那个字！"有人出来反驳。

船上，议论纷纷……

是夜，"前进"号探险船悄悄驶进德雷克海峡……

果然不出所料！船体开始晃动起来……

"这不是意识吧？"我们隔窗而望，并没有看到什么，又是一片灰暗……

船体晃动加剧……

"这不是感觉吧？"我们再次观察窗外，还是一片灰暗……

然而，这是事实！

有人坐卧不安，有人不由自主地叫喊，有人开始呕吐……

航船加大左右摆动力度！

人们开始有较大的反应！

接着，船开始前后摇动，上下颠簸……

太突然了！来得太快、太急了！

这时，我们想探个究竟，到甲板上去看看，因为船舱里隔着玻璃看不清。走出船舱，晃动更厉害了，双手紧紧扶住栏杆，还是左右摇摆，前后晃动。我们忍受着，艰难地，向甲板上挪动……

终于走到甲板上，我的天啊！着实把我们吓了一大跳：飓风卷着巨浪，排山倒海，汹涌澎湃，咆哮着！怒吼着！嘶叫着！"前进"号像一叶小舟，掩埋在惊涛骇浪中，显得那样渺小、单薄、孤独，好似一下子就会被海水

▲ 突然，风起云飞，浪涛翻卷。

▲ 漩涡四起

吞食掉。船头上溅起的浪花足有 20 多米，左右摆动的角度至少 45°，前后翘起的上下高度不下 10 米……

雷霆万钧！惊心动魄！

生命悬于一线！凶险近在咫尺！

刹那，头昏脑涨！不能再看下去了！

"杀人海峡""死亡海峡""咆哮海峡"，一连串词语在头脑中闪现，不停撞击着脆弱的心灵……

▲ 海鸟长空俯冲，搏击风浪。

▲ 波涛汹涌，海鸟却丝毫不畏。

此刻，想到了万一……

猛然，想起了家人，想到了……

终于领略到"魔鬼海峡"的厉害！

深切感受到"杀人西风带"的险峻！

这才意识到"死亡走廊"的危机！

在万分恐惧中，离开甲板……

扶墙摸地，侧侧晃晃，终于走回船舱。

晕船，最好的办法是卧床不起，闭目养神，充分休息。

在这种恶劣的环境中，如何休息得了？

这一夜，睡意全无。人虽躺在床上，身却不由自主，一会儿像织布梭，来回穿动；一会儿像一条鱼儿，左右摆动；一会儿像打秋千，前后悠转；一会儿像烙大饼，来回翻卷……

这一宿，彻夜难眠：想到末日，想到明天……

甚至有人写下了遗书……

船，仍在狂风大浪中冲撞……

头晕，呕吐，死去活来……

一小时，两小时，三小时……

六个小时过去了……

7点钟，早饭开餐了。晕船，不能吃饱，但也不能不吃啊！否则，肚里没有东西，心慌也受不了啊！特别是对于晕船者来说。

船，还在晃动……

通往餐厅的楼道里，前往用餐的人数明显减少，即使有，也是三三两两。看吧！有的扶着船板，有的攥着把手，有的被搀扶着，像受伤的败军，被俘的士兵，满脸哭相，一拐一瘸，艰难地挪动着……

当我们几个中国人围坐在一起时，没了往日的欢笑声，少了平日里大快朵颐的饕餮食欲。大家纷纷吐露昨晚精神与肉体的双重煎熬和难耐。这

▲ 船舱内到处是为晕船乘客准备的呕吐用 　　▲ 为防晕船，扶手何其多
　纸和紧急呼叫按钮

时，中国哈尔滨的陆广坦言，这是他一生中最难熬的一夜。说着，他从口袋里掏出一张纸："睡不着，晕得很，作了一首诗，转移目标。"说完，他念起了自己的诗作《南极晕船有感》：

> 忧思身悬起，
>
> 惶恐乱心田。
>
> 胃里翻下海，
>
> 五脏卷巨澜。
>
> 先调身落地，
>
> 宁神心自安。
>
> 犹玩跷跷板，
>
> 好似荡秋千……

　　念完"晕船诗"，恰好船长走过来，说："好！很好！诗写得很好！"随后，船长对我们眨眨眼睛，说道："缓解晕船的最好办法是背床，回船舱背床去吧！"

　　听了船长的话，开始不理解是什么意思。转而，大家笑起来！原来背床就是睡觉。没想到，船长这么会开玩笑。

走回船舱，又躺下了！不，开始"背床"，以此来消磨时光。

一小时，两小时，三小时……

时间过得太慢了……

不过，正是这仿佛凝固了的时间，给了我们充分回想的空间——

德雷克海峡！总算认识您了……

再见吧！德雷克海峡！后会无期……

合恩角：鸟的王国

天空放晴，云消雾散。

海浪减退，水波渐缓。

险情过去了！走出德雷克海峡了！我们长长出了一口气！悬着的一颗心总算放了下来！终于可以平平安安回国了！

"前进"号探险船向左转了个弯，停靠在合恩角，我们准备在此登陆，这是南极之行的最后一站。

合恩角（Cape Horm），坐标为南纬55°59′，西经67°16′，位于南美洲最南端。在南极大陆被发现之前，这里被看作是世界陆地的最南

▼ 远眺世界五大海角之一的合恩角

端。它的名字起因 ·名航海家，那是 1616 年，荷兰航海家斯豪滕航行绕过此角并发现了此地，于是以他的出生地"合恩"命名。

合恩角归属智利，也是智利国土的最南端，它是一个陡峭岬角，通过这里的经纬线是大西洋和太平洋的分界。合恩角是世界五大海角之一，其他四个海角分别是鲁汶角、好望角、塔斯梅尼亚的东南角、斯地沃尔特的西南角。合恩角北对南美洲，南临德雷克海峡，隔海峡与南极相望，属于次南极疆域，堪称世界上海况最恶劣的地方。由于恰临德雷克海峡，气候阴冷多雾，终年盛吹强烈西风，岸外海面波涛汹涌，海水冰冷，风暴异常，历史上曾有 500 多艘船只在此沉没，两万多人葬身海底，因而得名"海上坟场"。

▲ 坐落于半山腰处的一户人家

登陆合恩角，比照南极大陆，这里又是另一番景象。合恩角聚集了大量的飞鸟，比喻成千上万，太少了。应该说几十万，乃至上百万。只见漫山遍野全是鸟，什么鸟窝、鸟蛋、鸟粪，比比皆是。尤其鸟窝，一个挨一个，密密麻麻，多如牛毛，就连山崖缝隙里都是鸟的栖息地。山头上时时出现一片飞鸟，遮天盖地；山腰间群鸟落地，把裸露的山石盖严、盖实。细细观察鸟儿们的颜色，有黑的、蓝的、白的、灰的，五花八门，异彩纷呈，很是抢眼。再看海鸟的身姿，有向海面俯冲的，有向天空冲刺的，有掠过山顶山谷的，有钻向绿草丛中的。它们体态优美，飞翔自如，叫声悠扬。

　　这里俨然成了鸟的王国，鸟的领地，鸟的世界。

◀ 漫山遍野密密麻麻的海鸟。这是它们的栖息地。

▼ 山顶处的飞鸟，同样的盛况。

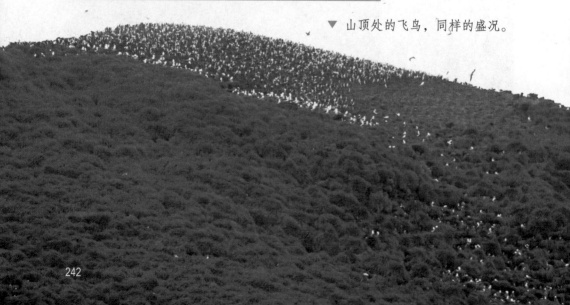

合恩角鸟的情况怎么样呢？探险队员、鸟类学家曼纽·马瑞接受了采访。曼纽·马瑞恰巧是智利人，今年46岁，他不仅是鸟类专家，还是一位优秀的摄影师，已经在"前进"号探险船上工作了8个年头，在南极度过了788天。此间，他拥有很多难忘的回忆，从遇见美丽独特的飞鸟，到观赏华丽难以想象的极地风光，已无法用文字恰如其分地加以描述和形容。在谈到合恩角的鸟时，他说："因为我是智利人，所以曾多次登陆合恩角，由于这里条件恶劣，人迹罕至，造就了鸟的盛况。"他指着面前的合恩角告诉我们："你们看，前面两个小岛，其中一个有房屋，岛上的鸟儿就少一些；反之，另一个岛无人居住，鸟就多得很。因为没有人干扰、影响，它们会自由自在地繁衍生息。"

我们近距离观看了一处鸟巢，巢窝搭建得十分简单，只是平铺了一层密密麻麻的小石子，中间较低、四周略高，小石子上铺有干枯的地衣和草叶。它们就是在此生儿育女。

▼ 近距离观察各种各样奇特的海鸟

据介绍，海鸟也有自我保护功能，海燕类属于管鼻鸟。

在合恩角，我们还走访了半山腰处一户人家，他们已在此生活了30个春秋，主人向我们讲述了合恩角的前世今生。

合恩角有"世界上最南端的村镇"之说，比阿根廷的乌斯怀亚还要靠南。整座村镇建在冰碛岩石的山坡上。

我们在山上看到，村镇的房子都是斜顶建筑，据说这样才不会堆积沉重的雪，因为这里大半年以上都在下雪。合恩角离南极很近，捕鲸曾是这里的重要产业。

▲ 口叼贝壳

▲ 独腿站立

①金火眼睛　　　　　②黑目张望　　　　　③红嘴如箭

在这里，我们看到用鲸骨围成的栅栏，农家小院里有用鲸椎骨做成的小凳。

据介绍，在1914年巴拿马运河通航之前，这里是大西洋与太平洋之间航行的必经之路，当时航船比肩，繁华异常。现在轮船经过巴拿马运河比绕道合恩角缩短一万多公里航程，很多航船因此而转道巴拿马。但是通过运河不仅受到吨位限制，而且还要等待闸门开启，费时太多。所以"人工海峡"还不能完全代替天然海峡。当今的合恩角尽管不比往日繁盛，但还是有着很大的吸引力，来往船只依然不少。

对于合恩角的恐怖传说，作家弗朗西斯科·科洛阿内曾这样描述：合恩角破碎不堪，形成了无数岛屿，小岛之间神秘莫测的沟壑蜿蜒曲折，一直通到世界的尽头，通到"魔鬼的坟场"。凡是通过这里的航海者都说，魔鬼被一条两吨重的铁链锁在合恩角这个地球上两个大洋的会接点仅一海里的可怕地方，每逢风暴突起，阴森恐怖的夜晚，波涛和黑雾仿佛在天渊……

1984年，中国南极科考队首次去往南极就曾经过合恩角，并且顺利通过。

合恩角，这个人类很难到达的地方，给我们留下极深印象：原始、萧条、闭塞；寒冷、风大、雾多。但，它是海鸟的天堂，飞鸟的家园。

合恩角上有智利的驻军和军事设施，很多地方可惜不能靠近，只能远远观望。

拍卖大厅里的中国力量

合恩角渐渐远离视线，前方仍然是一片汪洋大海。

迎着微风，伴着浪花，"前进"号探险船继续返航，向着乌斯怀亚前行……

这段航程风平浪静，特别是通过毕格尔海峡时，有两岸大山做屏障，水波宁静，鲜有涟漪，乘船简直是一种享受，何况我们出发时已经领略过这段平稳、沉静的航程……

南极之行就要结束！既有欢乐，又有惊险，回味无穷……

人们沉浸在追忆之中……

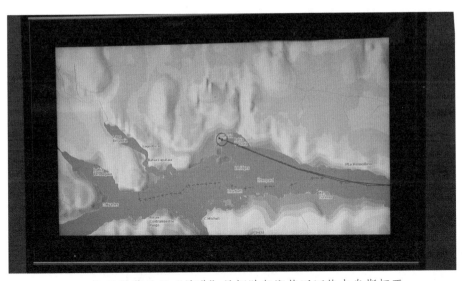

▲ 电子屏幕显示"前进"号探险船即将返回终点乌斯怀亚

突然"前进"号探险船上广播响起：准备举行告别酒会，共祝旅途顺利、愉快凯旋！

霎时，人们拥向七层大厅。

船长、大副、探险队成员等都来了。

最后的离别，近一个月的相处，难分难舍。

最后的分手，日日夜夜的融合，有谁不留恋呢？

举杯换盏，大家在友好、热烈又和谐的气氛中同叙友谊，共述情感！

▼ 船上举行告别晚会，船长发表演说。

酒会，不！最后的晚餐，持续了一个多小时……

"前进"号探险船伴着歌声、音乐，欢快地徐徐前进……

酒会结束后，"前进"号探险船上举行了一次拍卖大会，将这次航行的纪念物全部拍卖，给行者留下永久的回忆。

时下，轮船七层大厅里坐满了造访南极的人们，就连窗台、墙角、厅口坐的都是人群。此时，人们心态各异：有的想要一试，将纪念物抢拍下来；有的在寻找机会，挑战对方；还有的是在观看、助威，这也是一种享受。但更多的人是要参与，将拍卖的纪念物品带回去，让家人及朋友分享。

▲ 拍卖大厅座无虚席

主席台上坐有船长、大副及其他船上负责人，还专门设有公证人员，令这场拍卖会更加庄重、严肃。

前台桌上，摆放着 11 件将要被拍卖的纪念品。

第一件是船旗。这是价值最高、也是最有纪念意义的物品。因为船旗是整个"前进"号探险船的灵魂，是旗帜、是方向、是航标，这就像一个国家有国旗，一艘航船当然要有船旗。国旗不可侵犯，而船旗同样有它的尊严。作为"前进"号船旗，它一直为我们领航、导向，冲破急流险滩，穿越巨风海浪，勇往直前。船旗为白色底面，中央的标志 K/Y 是航船的品牌、商标。船旗旗面上有船长、大副、探险队员等全体工作人员的亲笔签名。

灵魂！航标！

可见，船旗的分量是何等的重啊！它又是多么珍贵！而把它列为拍卖的第一件纪念品，其重要性不言而喻。

这是无价之宝！

此间，一名中国人悄悄爬到船顶看了一眼，船旗确实已经被摘除，只剩下一根孤零零的旗杆。

"前进"号探险船仍在缓缓前行……

而船舱大厅里，上百颗心都在跳动，注目着船旗的拍卖，到底旗落谁家？

大厅一片寂静……

这时，主持人即探险队长史谛芬·比尔萨克走向前台中央，简述了"前进"号探险船的历史，转而将话题移至船旗。

人们静静地，聚精会神地听着——

"前进"号探险船为挪威国家所有，这艘航船闯南极走北极已立下汗马功劳，这些都归功于领航的船旗。今天，将"前进"号船旗作为纪念物拍卖给大家，它的意义不仅仅在于船旗，还有挪威国家的成分。因为，第一个到达南极点的是挪威人！在南森、阿蒙森和斯韦尔德鲁普年代，"前进"号是一艘专门用于探索世界上未知地区的探险船。而现在我们所乘坐的这艘"前进"号探险船的前身便是该船。

听了上述一番话，中国唐山的张涛早已跃跃欲试，心里憋足了劲！

开价了！主持人说："船旗底价100美元！谁要抬价？"

大家何不清楚"船旗"的含金量？

可见，最叫座的应该就是船旗了！

大厅鸦雀无声……

"加 100！"张涛站起来，先声夺人！开口就是三位数！翻一番。

"加 1 元！"大厅后角一位瘦高个子男士出口，引来全场哄堂大笑！

"加 100！"中国张涛胸有成竹！

"加 1 元。"还是那位瘦高个子男士，低语道。

"再加 100！"中国张涛，气吞山河！

张涛 100、100 连续上加，节节上抬，步步紧逼，毫不退让，引来阵阵掌声！

此刻，有人将加码金额从一位数上升为两位数！

▲ 中国张涛争得船旗后由船长亲授

突然，张涛站起来，挺直腰，气贯长虹："再加 200 ！"

此时，中国人咄咄逼人，势不可挡！

这时，所有在场的人都被震慑了！中国人抢占上风，掌握主动权，气势压倒一切！

木锤落定！

最终，中国的张涛得手，扛到了船旗！

中国人，折服了所有参与者……

当张涛从船长手中接过船旗时，大厅里响起经久不息的掌声……

显然，这不仅是气量的争夺！更是胆识的较量！

瞬间，人们一拥而上，将张涛团团围住，握手、祝贺、拍照，并与之合影！

刹那，中国热，在大厅升腾……

"CHINA 中国！""CHINA 中国！"喊声冲出窗外，传向大海……

第二件拍卖物品是航海图。航海图，尽管比不上船旗，但它被称作"前进"号探险船的第二灵魂，是领航的标志、方向。航海图上标注着这次航行的路线、坐标、里程、时间、地点，标注得非常完整，很有收藏价值。

▼ 拍卖会展示纪念物品航海图

航海图，同样有船长等人的亲笔签名。

此刻，人们的目光倾注于此。

得不到船旗，得到航海图也可以呀！这是很多参与者的心态！

当主持人、探险队长史谛芬·比尔萨克公布出底价后，大厅一片哗然。

"加100！"又是那位瘦高个子男士，看来他真的在用心，重整旗鼓，把丢失的追回来。

场内一片寂静……

这时，中国的张涛又在仔细琢磨，暗渡陈仓……

"加300！"突然，张涛又站起来，气宇昂扬，伸出三个手指！

他还没有坐稳，骤的又站起来！伸出整个手掌！"不！加500！"

500！一次加500美元！太出乎人们想象了！全场的人们一下子惊呆了。中国人真有气魄、气度！太有胆量了！

这种加法，没有底气，没有实力，没有准备，是说不出来的！

大厅，静得连呼吸的声音都能听出来！

1分、2分、3分、5分……

"铛——"一声锤响！

"拍卖成功！"主持拍卖的史谛芬·比尔萨克大喊一声！

出人意料！又是中国人拿走了第二个大件！

赞扬声，庆贺声，祝愿声，又朝向了中国人！

目光、相机、喝彩，又对准了中国人！

"CHINA中国！""CHINA中国！"声音又一次充满会场！掌声雷动！沸腾了！震荡了！为中国助力！为中国加油……

当第三件拍卖物海豹雕塑推出后，又是中国人气冲霄汉！竭尽力争！

一锤定音！

又是中国人！

……

▲ 张涛从探险队长手中接过航海图

▲ 拍卖结束后船长特意与中国客人合影祝贺

▼ 南极航程结束，轮船停靠乌斯怀亚码头，船员列队欢送，依依惜别……

经过一次次拍卖，一回回争夺，一场场竞标，中国人几乎包揽了所有大件纪念品！

中国人富裕了！从这里可以表露！

中国强大了！从这里可以彰显！

拍卖会结束了！大厅里又一次响起喝彩声："CHINA 中国！""CHINA 中国！"……

鼓掌声，祝贺声，交织在一起，冲向上空，飘向南极……

温馨提示 | kindly reminder

　　凡欲去南极的人都害怕过德雷克海峡，都被"杀人的西风带"吓住了，其实大可不必。只要服上晕船药，少走动，躺在床上闭目养神，都会安全通过。另外，如若航船出现摇晃，到前舱或船的中间位置会感觉好些。再就是消除心理作用，减少压力，唱唱歌，跳跳舞，听听音乐。到目前为止，还没有听到一例载有南极乘客的船出现不测。现代科技这样发达，航船卫星导航系统非常精确，不会发生意外。何况，船体随时在接收天气预报，一旦有特大级暴风，航船不会出行，只管放心。

CHAPTER 9
布宜诺斯艾利斯：清新而奔放的都市

这是一座纯净、清新的城市！

湛蓝如洗的天空，明媚温柔的阳光，平静舒缓的大海，凝绿欲滴的枝叶，每一丝空气都是那么清新。这就是阿根廷的首都布宜诺斯艾利斯。它像一块瑰丽的绿宝石，镶嵌在拉普拉塔河畔……

这又是一座热情、奔放的城市！

每当夕阳落下的时候，每当晚霞降临的时候，优美动听的探戈舞曲便在街头巷尾、酒吧、咖啡厅，拉开了夜的序幕！闻名于世的探戈就发源于此……

信步于阿根廷首都 "布宜" 市

我们乘坐阿根廷航空公司的客机，从乌斯怀亚飞向布宜诺斯艾利斯。

飞机上有一名来自中国台湾的乘客，说得一口流利的西班牙语。她叫张丽，在阿根廷外事办工作。她主动向我们介绍了阿根廷的一些情况。

16世纪之前，阿根廷为印第安人居住，后来由于西班牙入侵，阿根廷沦为殖民地。为此，阿根廷至今还使用西班牙语言和文字。1816年7月9日阿根廷宣布独立，1853年建立联邦共和国，1866年定名阿根廷共和国。阿根廷位于南美洲南部，地势西高东低，面积278万平方公里，人口3820万，主要为白种人和印第安人，国花为赛波花。

▼ 七九大道上的独立纪念碑

飞机飞行了 3 个多小时，到达布宜诺斯艾利斯国际机场。一下飞机，突觉热流扑面袭来，暖气逼人，顿时大汗淋漓。我们赶紧脱下棉装，换上单衣。当走出机场，热浪滚滚，满目翠绿，这时才突然想到这里正是炎炎盛夏。

　　简直是在做梦，世界就是这般多彩。

　　到机场迎接我们的是李娜女士。李娜是阿根廷一家外事部门的工作人员，此次阿根廷首都之行由她全程陪同。李娜是中国甘肃人，北京外国语学院毕业，精通西班牙语，接待大型访问团的任务往往落在她的肩上。

　　离开机场，我们在市区穿行，只见窗外雕塑一个接着一个，数量之多，令人惊奇。

　　放下行李后，我们去用餐。李娜将我们带进一个非常窄小的街道，在写有众多西班牙语的街道旁，突然跳出"御膳阁"三个汉字，这就是我们要用餐的地方。在异国他乡，看惯了外文之后，眼帘中突然出现汉字感觉十分亲切，特别是遇到餐馆里的中国老乡，倍加亲热。这个餐馆是中国福建人开的，四壁挂有中国字画，中间还有个大喜字。主人介绍，前几天一对中国青年男女在这里举行婚礼，前来庆贺的全是华人。据说，华人在阿根廷有 6 万人之多。

　　等饭之余，李娜向我们介绍布宜诺斯艾利斯的历史。1535 年西班牙航海家门多萨驶到拉普拉塔河口，看到这里的空气这样好，天这样蓝，阳光这样明媚，便脱口而出"多好的空气啊"，而这句话的西班牙语就是"布宜诺斯艾利斯"，于是这座城市的名字就这样产生了。当初，西班牙建了一个小土城，1541 年土著人进攻，攻克了这座土城，西班牙人跑了。1580 年，又一位西班牙人加拉伊来到这里，重建要塞。现在，布宜诺斯艾利斯全市 1300 万人口，400 多年的历史，是整个南美洲商业、文化、艺术、金融的中心，为南半球第一大都会，素有"南美洲巴黎"之称。城市中纪念碑、广场和街心公园众多，其中街心公园、广场有 100 多个，雕

▲ 钢制太阳能花瓣能开能合

塑 220 处，雕塑之多成了这里的一大景观。

吃过午饭，我们沿着五月大道首先来到国会大厦。这座罗马式建筑气势恢宏，富丽堂皇，直插云霄的尖塔，显示着它的尊严。建筑前边矗立着许多形态各异的雕塑，还有一个巨大的喷泉。国会大厦前的广场可容纳几十万人，

▼ 雄伟壮丽的国会大厦

很多市民在这里悠闲地享受着阳光，他们或懒洋洋地躺在草地上，或三五一群坐在那里聊天，间或有乞丐向行人行乞。此外，这里乱七八糟的涂鸦比比皆是，与庄重的大厦格格不入。李娜说，阿根廷就是这样一个国家，人们随意性很强，只要不违法，政府不会去管。

我们来到五月广场。说是广场，其实看起来并不显得宽阔，因为广场里有很多高大的树木、水池、土丘、雕像，阻挡了人们的视线。广场周边依次是西班牙时期的白色旧总统府、大教堂、玫瑰宫，中心白色金字塔为独立纪念碑，塔顶有自由女神塑像，是为了纪念 1810 年市民争取独立和自由革命而建立的。这里休闲的人们要比国会大厦广场多得多，他们有的下棋、打牌，有的喂鸟、说唱，煞是热闹。

▼ 五月广场玫瑰宫即总统府前消闲的人们

　　广场周围的建筑只有教堂向公众开放，任人参观。教堂建筑十分豪华、精致，大厅内气氛凝重，里面还埋葬着一位民族英雄圣马丁。

　　顺五月广场草坪往前走，我们来到玫瑰宫。尽管不开放，但在玫瑰宫前可以照相留影。玫瑰宫是现在的总统府，国家元首在这里行使权力。总统府为什么叫玫瑰宫？据了解，1850 年，时任总统多明戈·萨尔缅多建议将外墙涂成粉红色，据说选择粉红色是为了调和当时两大党派的纷争。

▲ 浪漫、潇洒，阔步走在
七九大道。

◀ 布宜大教堂

一百多年来，各届政府一直沿用该色。据悉，当时在涂料中加入了牛血、猪油，以保证不褪色。

穿行在布宜诺斯艾利斯，不断看到一排排的奥布树，这是一种著名的树种，是拉普拉塔河流域特有的植物，其树冠像一把巨伞，枝繁叶茂。难得的是在市中心还保留着一大片奥布树林，郁郁葱葱，遮天蔽日。丛林间隐藏着英雄雕像、马岛战争纪念碑、钟塔等纪念场所。

穿过一片片奥布树林，我们在瞻仰过英雄雕像之后，来到马岛战争纪念碑前。纪念碑不是通常直立的石体，而是横卧的一面低矮厚重的墙体。上面刻着马尔维纳斯群岛地图，下端是死难者的名单。碑前，有的人在献

▲ 马尔维纳斯群岛战争纪念碑

花，有的人在敬礼，还有一位老人在植种花草。老人一边植草，一边向我们讲述当年马尔维纳斯群岛上的战况。战争结束后，阿根廷人为纪念死难者，在此修建了纪念碑。同时，在纪念碑对面的塔楼上，还特意将英国人送给阿根廷的一座大钟镶嵌在顶部，据说其中含义深长。

探戈发源地博卡

阿根廷首都有个博卡区，赫赫有名的博卡青年足球俱乐部就在这里。几乎所有到布宜诺斯艾利斯的外国人，都要去博卡区参观。

博卡区是穷人聚集和居住的地方，那里有足球馆、探戈发源地和旧海港。汽车首先经过博卡区政府的黄色办公楼，楼不算高，但前边的广场很宽大。它的旁边是一个空旷的足球场，几个小孩子正在踢球。世界球星马拉多纳就是从这里踢出来的，他儿时的住所就在球场一侧。

一提到马拉多纳，大家立刻活跃起来，纷纷下车驻足观望。据李娜介绍，马拉多纳的少年时代是在这里度过的，上小学时他每天带着足球去读书，回到家里晚上抱着足球睡觉。尽管他为足球而生，但当时几乎与足球生涯无缘，因为他的身高太矮。后来，一名叫弗朗西斯·克内霍的教练收留了他。1979年，成名后的马拉多纳选择了博卡青年队。1981年他为博卡赢得了联赛冠军。1982年博卡区财政告急，马拉多纳又为博卡区争得600万美元。后因种种原因，他离开这里，当时人们都因舍不得他走而哭泣。马拉多纳流着泪说："总有一天我会回来的！"谁知，这一去就是十多年。1997年，马拉多纳又回到博卡青年队，并以2比1击败老对手河床队，完成了他最后的表演。我们透过眼前尘土飞扬的沙石球场，好像看到了马拉多纳迎风奔跑的身影……

正当人们思索之时，李娜指着对面高大的黄色建筑说，那是马拉多纳投资兴建的现代风格的足球馆。人们转移视线，被这一庞然大物所吸引。我们自然要一睹真容，谁知我们一进门就被挤在人群中，原来人们正在这里争购体育用品，最抢手的是马拉多纳亲自签名的衬衣。然而，排队到近前时，衬衣已销售一空。手里攥着的500美金，只好放回原处。

博卡区是阿根廷国乐、世界著名的探戈舞的诞生地。当我们来到一条名为卡米尼德的酒吧一条街时，发现这条狭窄的街道热闹非凡。这条街上有跳探戈舞的，有卖探戈画的，有弹探戈曲的，有售探戈衣装的。总之，"探戈"的气氛十分浓重，我们还被阵阵探戈音乐所迷恋。

为什么探戈发源于此？李娜介绍，四百多年前，西班牙船员从这里进入阿根廷。当时的卡米尼德街位于一条老河口，是布宜诺斯艾利斯第一号船坞靠岸点，也就是船舶抛锚停泊处。在断断续续登陆的年

▲ 布宜诺斯艾利斯市博卡区卡米
尼德酒吧一条街是探戈发源
地，这是街头一角。

代，这里成了西班牙船员活动的中心。船员登陆后，为减轻压力，放松精神，自然离不开娱乐，跳舞成了他们娱乐放松的主要方式之一，地点就在酒馆。舞曲有西班牙奔放的斗牛曲，有意大利幽静的小夜曲，有非洲粗犷的扭动舞，有古巴明快的曲调，这些乐曲和舞蹈相互融汇，逐步形成米隆加舞曲，又衍生为探戈舞曲。

探戈为男女交臂，翩翩起舞，步伐交叉，踢腿跳跃，双抱旋转，时快时慢，舞姿潇洒，色彩浪漫，楚楚动人。天长日久，探戈成了

▲ 来自世界各地的人们一边喝咖啡一边欣赏探戈舞

"舞之王"，还慢慢传向欧美。

　　酒吧一条街，即卡米尼德街曾是红灯区。那时候，船员长途跋涉，到了港口就是纵情寻欢，他们通过跳探戈急切寻找女友，这里便慢慢形成了红灯区。整整一条街，楼上楼下，全是娼女。

▲ 昔日妓女招手的雕像

▲ 街墙上保留着昔日妓女和船员的雕像

▲ 来客参观昔日船员寻欢作乐之地

我们走在卡米尼德街上寻访，发现两边的房子都是用船的舢板做成的。窗子上还遗留着当年娼女招揽顾客的雕像，墙壁上还画着当年船员的行踪，门顶上保留着当年留客的招牌。在古老繁杂的卡米尼德街出口，一处房屋顶部的三座雕像引人注目，雕塑的分别是马拉多纳、贝龙夫人和卡罗斯，引来不少游客拍照。马拉多纳是足球巨星，贝龙夫人是人们心目中爱戴的女人，而卡罗斯是探戈的发明人。马拉多纳成名后，经常到这里吃喝玩乐，人们对此褒贬不一。

我们来到旧海港穷人区，这里治安比较混乱，抢劫成

▲ 卡米尼德街出口，一处房屋顶部三座招手的雕像引人注目，分别为球星马拉多纳、人们心目中爱戴的女神贝龙夫人和探戈发明人卡罗斯。

风。此地公民持枪合法，故家家户户都有枪支弹药。如果你不经允许私自走进哪家宅院，宅主完全可以开枪，即使打死私闯者也不负任何责任。但在大街上开枪是违法的，不过若用枪打死人最多判8年刑，所以很多不法分子就敢以身示法，宁愿坐牢。

通往新港区的路上，是一片低矮又破烂不堪的房屋，这里居住的都是来自秘鲁的非法移民。他们没有护照，没有登记，靠捡拾垃圾、做雇工度日，生活本不富裕，却无限度地生育，多儿多女，连政府也束手无策。我们看到路边的篷布、便池、垃圾、临建，一片狼藉。

▲ 探戈广告画到住宅门口

▲ 探戈广告五花八门

新海港区则是另一番景象，高楼大厦，清洁卫生，治安良好，好似进入北京、上海的新区一样。让人新奇的是新港区的管理者竟然是军人。后来才知道，新港是军人建立起来的，难怪治安这样良好。

在布宜诺斯艾利斯，我们还驱车前往郊外的老虎洲，游览了水上住宅区。

南美洲的"百老汇"

　　布宜诺斯艾利斯有几百条纵横的街道，其中有解放大道、七九大道，还有有着"南美百老汇"之称的博洛里达街，街面虽窄却十分繁华。还有号称世界上最长的瓦达维亚大街，它与五月大街平行。

▲ 布宜诺斯艾利斯市的"百老汇"博洛里达街

出火车站不远，我们穿过一片奥布树林，眼前出现一条笔直繁华的街道,这就是有名的博洛里达大街,这里的华人称之为阿根廷的"王府井"。街上熙熙攘攘，人头攒动。走在大街上，有一种新奇感，不时看到各类街头艺术家。有的街头艺人穿着"铁装"，拿一个固定的模具讨钱；有的弹着吉他声嘶力竭地卖唱；还有的在街心跳探戈卖舞。五花八门，奇巧

▲ 博洛里达大街，华人谓之阿根廷的"王府井"。这是街心展示探戈舞。

▲ 活人铁雕

百怪。

从博洛里达街西行即是著名的七九大道，据说这是世界上最宽的大街，宽度达 140 米，设 16 条车道，中间还有街心花园。一眼望去，你会领略到大都市的风范。矗立在街中那高大的纪念碑，更加显示出首都的庄重。大街一侧是科隆剧院和探戈表演大厅，另一侧是繁华的商场。这一天正赶上汽车拉力赛，七九大道禁止了一切社会车辆通行，道路两旁站满了围观的群众。当

▲ 石雕前展艺

然，我们也趁机观看，何不顺此为参赛者加油呢？

入夜，华灯初上，纪念碑射出金色的光环。在这霓虹灯四射的异地他乡，我们有幸观看了阿根廷的国粹探戈表演。探戈大厅可容纳 200 人，看客不是一排排整齐划一坐在那里，而是一边用餐品烤肉，一边观赏节目，

▼ 每当夜幕降临，首都最大的探戈表演舞场前车水马龙。

别有情趣。整场演出热情似火，表现出阿根廷人民追求艺术、向往未来的高尚情操。

深夜，布宜诺斯艾利斯已经入睡，而七九大道的纪念碑旁，探戈舞曲仍在飘响，令人流连忘返……

后　记

　　造访南极归来，仍魂牵梦绕在那纯美缥缈的银白世界，尤其那玲珑剔透的冰山，洁白如玉、亭亭屹立，让我的思绪久久不能割断，回味着在极地长途跋涉的日日夜夜……

　　其实，这次到南极纯属偶然，没有任何心理准备。一次出访西班牙时，同行的小郏说南极很美，但需提前8个月预定，抢占预留舱位。回到京城后我怀着好奇心试着报了个名，当时也就是挂个号，其实内心并不坚定。谁能知道8个月后真的接到通知。就这样，不去也得去，心想：人生在世，试它一把吧！再说提前预订船舱床位也很不容易。

　　谁知，这一趟南极之行收获颇丰，终生难忘。近一个月的行程，打破了去南极的常规日程，路线拉长了，视野更开阔，见识更广泛，基本上把南极及亚南极的风光都饱览了。这对于我这样爱爬格子的人来说，太有价值了。当然，到南极去还有从澳大利亚、新西兰开航的，但较为少见，因为从那里去，海上线路太长，耗费时间太多。目前，大多数线路是从阿根廷的乌斯怀亚或者智利的蓬塔阿雷纳斯起航，直插南极。

　　去南极，大可不必担心身体的承受能力，它比去西藏安全得多，起码没有高原缺氧这一问题，涉及不到生命危险。没去之前，我曾提心吊胆：虽没有高原反应，可有"杀人的西风带"啊！其实不然，晕船时只要稍加注意，不会有什么问题。比如说，过德雷克海峡，十有八九要遇到八级以上的飓风狂浪，晕船是常事。这时，平躺在床上不动，任凭风吹浪打，我自岿然不动，安全渡关。这次南极之旅，同行的80岁以上老者大有人在，不是也经受了严峻考验，走过了"死亡走廊"吗？去南极，只要身体好，有勇气，谁都可以去。现在南极开放了，国内凯撒、国旅、众信、海外、五洲行等多家旅行社团及有关部门都可办理出行手续，也可自行飞抵阿根廷乌斯怀亚乘船直接进入南极。还可以从网上查询，更是一目了然。

去南极，非常安全。要说危险，最可怕的是天气问题。南极天气变化无常，说刮风，铺天盖地，而且大风非常之多。尽管船上有天气预报，但还是要多加注意。比如说，下船登陆时，带厚防寒衣，拿足巧克力，一旦超出预报范围，突遇暴风雪，避难备用。这种情况很少，因为船上都有精确计算，有情况时不会让你登陆。但也不排除个别情况，通常情况下，突发的暴风雪最多刮 12 个小时就会停下来。尽管少有，也要防患于未然，宁可信其有，不可信其无，以防万一，这是船上工作人员特别交代的。话又说回来，南极之行要因天气而定是否登陆，许多人因天气问题丧失登陆机会。我们一行，老天爷帮了大忙，一路阳光灿烂，风平浪静，登陆了多次，去了很多地方，非常顺利。

有人担心，在南极活动，能吃好、休息好吗？说实话，因为登陆的次数并不多，且登陆的时间有限，所以，大部分时间是在船上生活。船上的饭菜花样繁多，种类丰富，肉蛋奶、水果面包、热菜冷饮，应有尽有，随吃随用，免费供应。船上还有娱乐、健身、阅览等设施，一应俱全，可以随时游泳、桑拿、打球、看书、唱歌、跳舞，还可以在观光厅自由自在慢慢欣赏极地的风光……

南极之旅可谓多姿多彩，不虚此行。了解到了很多极地知识，看到了南极独有的风光、动物、植物及天文景象。现在如果我闭上眼睛，脑海中还常常浮现出南极美景：那游动着的奇特冰山，一望无际的白色雪原，一座座冰清玉洁的雪峰，银装素裹，万里雪飘……

有人说，南极不就是雪山嘛！我国西藏有的是雪山，而且比南极还高。其实，不是这个概念。西藏雪山多是顶部有雪，而南极则不管山顶、山谷、山下，全是雪景。何况，南极的太阳是斜照的，而且斜到几乎在地平线上。斜照的山体，尤其是朝阳和晚霞中的雪山，那种身临其境的感觉，恐怕只有在南极才能体察到，实在太动人了！动人得简直难以言表。

南极的吸引力还在于它的奇特奥妙和神秘！为什么企鹅在极度严寒中袒露的双脚不会被冻坏？海豹怎么会跳到万丈之高的冰崖之上？鲸鱼的听觉范围怎么会达到千里之外？这一切都是悬念和问号，只有到达南极现场才会得以化解。

最受刺激或者说最激动的场面是见到鲸鱼的那一刹那：鲸鱼的跳跃、翻身、喷水、摆尾、追逐……永远定格在记忆中，难以忘怀。还有揪心的时刻：贼鸥吞食小企鹅，海豹袭击企鹅……惨不忍睹，悲愤无奈，欲驱逐而不能。这就是"物竞天择，适者生存"。

抓拍最激动人心的画面，抢照最难以忘却的镜头，这是留下南极记忆的最直接方式。所以，到极地要带好照相机，带足储存卡。我这次行走南极带了三部相机，有长焦、近焦的，有专业、傻瓜的，另加摄像机和录音机。只要一有机会登陆，那就扫射吧，照不尽的风光，拍不完的镜头。这次南极之行我共抓拍下12000多张照片，挑选部分用在《行走南极》这本书中，算不上最好，但把大致行程和所见所闻真实纪录了下来。说到拍照，我的同行者金耀波是一位照相高手，持有两部高档照相机，照起相来非常投入，非常敬业，抓拍不要命，照片照得非常漂亮。在这次出书之际，他毫不保留地把照片送给我，供选用。在此，感谢金耀波的大力支持和帮助。同时，也感谢陆广、张涛、马大平等提供照片。再是感谢提供帝企鹅及南极点照片的张晓林，感谢提供中山站、泰山站照片的张建松，提供昆仑站、泰山站照片的高悦以及提供拉可罗港照片的杨金辉。

南极之行也有忧虑的一面，这就是保护环境的紧迫性。大家知道，地球只有一个，需要全世界人民来呵护。而现在地球上的环境污染已经波及南极，或者说，南极最能显示地球上的环境状况，这是因为地球自转引力的作用。比如，我们亲眼目睹南极雪线后退，表明地球变暖。从南极回来之后，我很快撰写了一篇关于南极的文章，在《燕赵都市报》发表，《燕赵晚报》刊出一个整版，同时也在《河北新闻界》《河北广播》等杂志刊出，就保护环境的内容用了大量笔墨，呼吁人们从南极这个角度看世界，保护地球环境。但报刊刊出的文字必定有限，很多内容展不开，因此，我写《行走南极》这本书的目的，在很大程度上也是在警示人们保护环境，地球只有一个！

保护地球，保护地球上唯一存留的一块净土，珍惜南极土地上的一枝一叶，势在必行。然而，在这次旅途中，有个别人践踏极地上的发草、地衣，随意吐痰，乱扔纸巾，这都是不允许的。在南极，不能丢下任何东西，也不能带走任何东西，只能带走记忆。在这里，希望计划去南极的人特别注意。

去南极旅行，欧洲人居多，亚洲人最少，中国人刚刚涉足。至于怎么走，怎么看，这本《行走南极》可供大家参考。

《行走南极》是我所著的第8本作品，它是以记叙文的形式、散文的手法着笔的，把读者放到现场去观看、体察、了解和欣赏南极，使读者身临其境，更有真情实感。全书共分9章35节，按去南极的时间、地点顺序撰写。除了作者的见闻，还记录了专家在船上的讲座内容以及部分专题采访，全书基本将南极的大致情况都说到了。由于时间紧迫，难免存在差错，希望读者多加批评指正。

在出版之际，首先感谢新华社亚太总分社俱孟军社长百忙之中拔冗作序，俱社长在任新华社副总编期间曾为我的著作出版给力；感谢著名女书法家、河北省书法家协会副主席任桂子的书名题字；感谢杨金辉在翻译上为我做了大量工作；感谢当代世界出版社的大力支持和帮助。

王喜民
2014年6月18日　于北京